設計・開発・品質管理者のための

基本機能ハンドブック

品質工学・タグチメソッドで

品質問題撲滅

芝野 広志 著

日本規格協会

まえがき

田口玄一博士（以下，田口という.）によって構築された品質工学は，技術開発をはじめとする多くの領域で有効な手法，理論として世界中に広まった.そして，様々な分野の研究者が，実施例や成功例を積み上げることで，田口理論の正しさと課題を検証してきた．SN 比，損失関数，パラメータ設計，MT システムなどがその代表であり，いずれも斬新で魅力的である.

それらの中で，技術者が最も興味を持ち，熱心に研究してきたテーマが基本機能である．田口が基本機能という概念を提示して以来，あらゆる技術領域で基本機能が検討され，実物やシミュレーションでの実施例として公表された研究論文は数千件に及んでいる．様々なシステムに対して，基本機能とその安定性（機能性という.）を研究することは，品質工学の中心的なテーマであり，大きな魅力なのである.

しかし，筆者が取り組んできたことも含めて，これまでに発表された研究論文を振り返ってみると，その大部分は田口が提案した基本機能を実際の技術テーマに適用しただけの結果報告であり，基本機能の研究というには，ほど遠いものではないかと感じている．つまり，本当の意味での基本機能の研究は，田口が一人で取り組んでいた，ということである．そのことは，田口没後，新規性のある基本機能が提案されていないことからも容易に推察できる.

本書は，これまでに公表されてきた多くの研究論文や実施例から基本機能のみを抽出し，それらを分類，体系化することで，基本機能研究全体を俯瞰するものである．そして，その目的は，現状での研究範囲やレベルを把握し，新たな基本機能の発見と提案につながる研究を活性化することにある．また，基本機能を利用した技術開発や製品開発に取り組む技術者，品質工学を学ぼうとする人にとっては，貴重な資料，教科書にもなるはずである．本書が，それらの重要な役割を果たしてくれることを期待している．

基本機能という言葉については，現時点で様々な解釈があり，現在，品質工学会を中心に，明確に定義するべく検討が進められている．本書では，公表された研究論文を尊重し，全て基本機能として紹介しているが，品質工学会での検討結果によっては，目的機能，あるいは品質特性として分類される可能性もある．読者の皆様には，その点はご了解いただき，分類方法も含めて，様々な観点から積極的なご意見をいただければ幸いである．

なお，本書は月刊誌『標準化と品質管理』への連載記事（2020年1月号～11月号）をもとにしているが，単行本化に当たって大幅な加筆・再構成を行うことで基本機能研究の全貌を体系化しており，月刊誌の読者にとっても価値のある一冊となるはずである．

最後に，基本機能の分類に対してご協力いただいた関西品質工学研究会及び本書の刊行に当たりご尽力いただいた柴崎様，福永様をはじめ，日本規格協会の皆様に心より感謝申し上げる．

2021年3月

芝野　広志

目　　次

第4章　通 電 機 能

第5章　加 工 機 能

第6章　保 形 機 能

第7章　機　能　窓

第8章　その他の基本機能

<付　録>

1. 系統図

第1章　基本機能の分類

1.1　基本機能の着想

品質工学を樹木にたとえると，基本機能は幹である．基本機能という太い幹から，ロバストパラメータ設計，損失関数，MT システムなどの枝が広がっている．そして，品質工学の根っこには，田口独特のばらつきの概念がある．つまり，基本機能を考え，そのばらつきを評価することは，品質工学の根幹に関わることであり，品質工学を理解する上で，最も重要なポイントといえる．

田口が基本機能に注目したのは，日米の技術開発の違いにあると考えている．田口執筆の書籍によると，1970 年代から 80 年代の日本は，試作品による品質評価が技術開発の中心的な手法であった．この方法は，開発から量産への移行がスムーズで，市場での品質問題発生も抑えられる点で優れているが，試作品（実物）の作成や品質評価に時間とコストがかかる．また，技術開発の範囲が制限されて自由度がなく，将来を見据えた革新的な技術の開発には不向きである．一方，その頃の米国では，簡単なテストピースや数値解析（シミュレーション技術）による技術開発が主流であった．この方法では，システムの機能や原理が評価の対象となり，技術開発の自由度が増えるとともに，コストや時間を大幅に削減できる．しかし，製品としての品質評価が不十分になることから，量産の段階で技術開発の結果が再現せず，生産工程や市場で品質問題が発生するという弱点があった．

田口は，日米双方の弱点をカバーし，強みを生かす手段として，基本機能の評価と改善を提案するに至ったと考えられる．モノづくりの上流である技術開発の段階で，対象システムの基本機能を，テストピースや数値解析によって効率的に安定化し，目標とする理想的な状態を実現すれば，下流である量産や市場での品質問題を未然に防止できるはず，と考えたのである．言い換えれば，モノづくり上流での品質作り込みを実現するための手段が，基本機能ということになる．

1.2 基本機能とは

基本機能とは，技術やシステムが持つ根本的，本質的な働きや性能のことで，田口は基本機能を考える上で重要な三つの指針を示している．

① 対象とするシステムの機能を入力と出力で考える（図 1.1）．

② 入力 M と出力 y の関係は，原点を通る一次式 $y=\beta M$ で表現される（図 1.2）．

③ 入出力をエネルギーで捉えること．

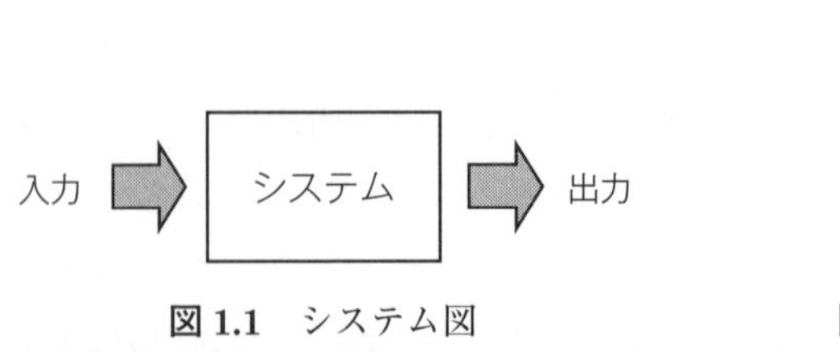

図 1.1 システム図

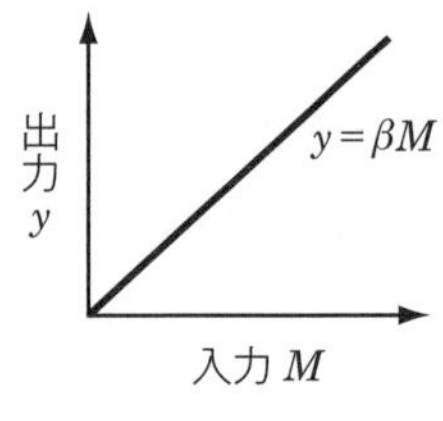

図 1.2 入出力の関係

技術者が創造するシステムは，外部から投入されたエネルギー（入力）を，目的とする特性や品質に変換して出力する装置である．いかなるシステムでも，入力エネルギーがゼロのとき，出力はゼロである．また，投入されたエネルギーは，システム内で様々な形に変換されるが，出力全体をエネルギーとして捉えれば，その量は保存（入力エネルギー＝出力エネルギー）される．したがって入力と出力の関係は図 1.2 に示すような，原点を通る直線（一次式）になり，傾き β は1を理想とする，というのが田口の考えである．

しかし，現実的には様々な阻害要因（誤差因子という．）の影響があり，全ての入力エネルギーを目的とする出力に変換するのは難しい．そして，目的とする出力以外の部分に入力エネルギーが変換されると，品質問題発生の原因となる．田口はこれを基本機能のばらつきと表現し，技術者は対象システムの基本機能がばらつきなく，安定して機能することを第一優先に取り組むべきと主張したのである．対象とするシステムの基本機能を考え，そのばらつきを最小化することは，多くの品質問題が改善されるだけでなく，製品開発や技術開発の業務そのものが大幅に短縮できる．この理論は技術者だけでなく，技術部署を統括するマネージャや経営層からも支持され，品質工学の中心的な研究テーマであるとともに，大きな魅力の一つとなっている．

1.3　基本機能研究の現状

田口から基本機能の考え方が示されて以後，品質工学の研究者は，様々な技術領域で基本機能を検討し，実証実験（主にロバストパラメータ設計）することで，その正しさと有効性を検証してきた．しかし，これまでに発表された研究論文を振り返ってみると，筆者が取り組んできたことも含めて，その大部分は田口が提案した基本機能を，実際の技術テーマに適用した結果の報告であり，基本機能の研究というにはほど遠いものではないかと感じている．つまり，本当の意味での基本機能の研究は，田口が一人で取り組んでいた，ということである．そのことは，田口没後，新規性のある基本機能が提案されていないことからも容易に推察できる．

また，基本機能を考えることは，そのテーマごとの個別問題であり，担当する技術者が自由に発想し，様々な基本機能を提案してきた．そして，それらの正しさは利得の再現性や，改善量の大きさで判断すればよいという，ある意味で結果主義的な風潮があったことも事実である．筆者は，これらの行動や風潮が，基本機能をより深く，広範囲に研究されなかった要因となっているのではないかと考えている．

品質工学が学問としての深みを増していくためには，品質工学の活用による成果（改善量や金額，時間短縮など）を強調するだけでなく，基本機能をはじめとする品質工学そのものの研究が，広範囲により深く進められることが必要である.

1.4　基本機能の分類

さて，本書の主題である基本機能の分類について述べる．これまでに公表された研究論文や実施例（ロバストパラメータ設計，機能性評価など）から，基本機能を抽出し，それらを親和図法的にまとめると，下記①〜⑥に紹介する6つの機能に分類することができる.

① **転写機能**　原型から複製を作成する.

② **搬送機能**　物体を移動する.

③ **通電機能**　物体に電流を流す.

④ **加工機能**　物体を成形・変形する（切断, 研磨, 切削, 穿孔, 成膜など).

⑤ **保形機能**　物体の形状を保つ.

⑥ **機能窓**　システムが安定に動作する範囲を機能窓として評価.

上記の基本機能は，多くの技術領域で横断的に活用されていることから，品質工学における代表的な基本機能と考えてよい．本書では，これら6つの基本機能を中心に，その特徴や各技術領域における活用のポイントを紹介する．もちろんこの分類は，筆者が独断で行い，命名したものであるから，他の分類方法があっても何ら問題視するものではない．むしろ，分類方法を議論することも，本書の狙いとするところであり，多くの読者の方々からご意見をいただければと考えている.

1.5　各基本機能の特徴と活用技術領域

ここでは前節で分類した6つの基本機能について，それぞれの特徴と入出力関係の定義及び活用された主な技術領域を紹介する．ここで紹介する入出力の定義は，多数の技術領域に共通する表現になるため，概念的な入出力関係にならざるを得ない．より具体的な，個々の技術についての入出力の関係は，次章より順次紹介する.

(1)　転写機能

転写機能とは，オリジナル（原型）から，コピー（複製）を作ることである．基本機能によるシステム評価が，様々な技術領域を横断して可能であることを，実施例を通して証明した最初の基本機能といえる．入出力の関係を図1.3に示す．転写機能が適用された代表的な技術を，①～⑩に紹介する．複写機やカメラ，テレビなどの画像関連から各種の加工装置まで，幅広い技術領域で活用されていることがわかる.

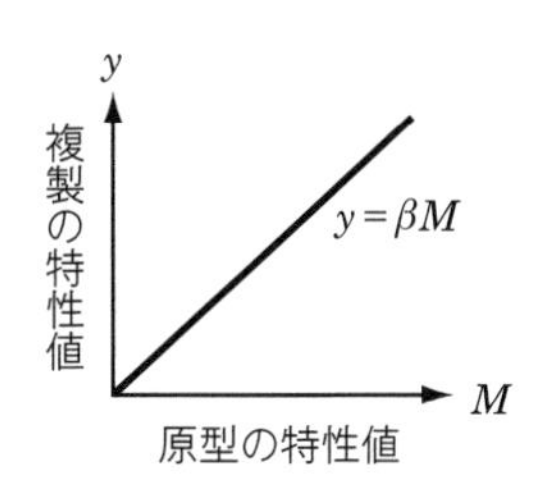

図 1.3　転写機能の入出力関係

① 成形加工技術
② 穴あけ加工技術
③ 切削加工技術
④ フォトリソ工程
⑤ 画像形成システム
⑥ 音声（画像）伝送システム
⑦ 位置決め技術
⑧ レーザー変位計
⑨ 構造体の評価
⑩ 染色技術

(2)　搬送機能

モノを運ぶシステムに要求されるのが搬送機能である．運ぶモノには固体，液体，気体などの物体以外に，情報（データ）などもその対象となる．入出力の関係を図1.4に示す．搬送に必要なエネルギーを入力，出力は物体の移動量がその代表である．また，搬送機能を活用して研究された技術としては，①～⑨がある.

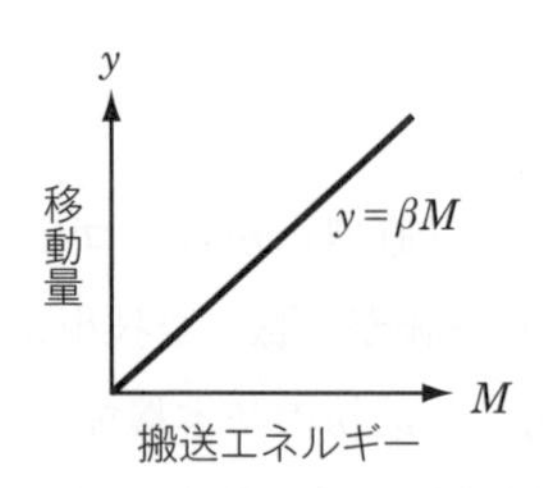

図 1.4　搬送機能の入出力関係

① 紙搬送技術
② 液体搬送技術
③ 気体搬送技術
④ ベルトコンベヤ開発
⑤ 通信機器の性能評価
⑥ エスカレータ開発
⑦ キャスター（車輪）性能評価
⑧ 粉体搬送技術
⑨ 粘着テープの性能評価

(3) 通電機能

電圧をかけて電流を流す機能である．オームの法則（$V=IR$）で表現される．通電機能の入出力関係を図 1.5 に示す．また，通電機能を活用した技術の代表例を①～⑧に示す．電気製品だけでなく，材料の評価，接着やかしめなどの接合技術の領域でも活用されている．

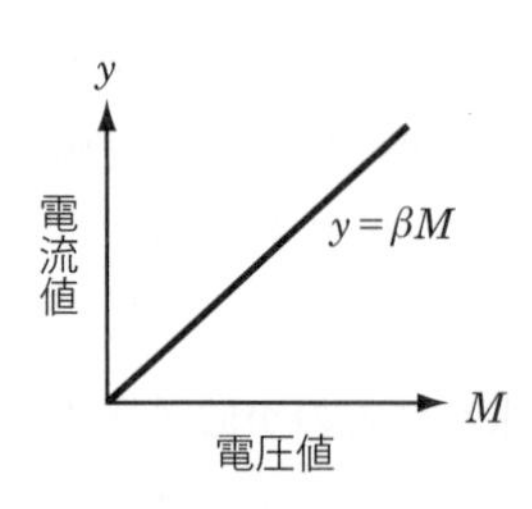

図 1.5　通電機能の入出力関係

① はんだ付け技術
② 絶縁物の評価
③ 電極形成技術
④ かしめ技術
⑤ 接着技術
⑥ 溶接技術
⑦ 金属ベルト評価
⑧ 薄膜均一性評価

(4)　加工機能

加工機能は，電力をはじめとする各種のエネルギーにより，対象物を所定の形状（長さ，深さ，粗さ等）に作り上げる機能である．入力エネルギーには光や熱，圧力などのほか，反応時間や溶接面積などでも研究されている．加工機能の入出力関係を図 1.6 に示す．また，加工機能を適用した代表的な技術を①～⑩に紹介する．

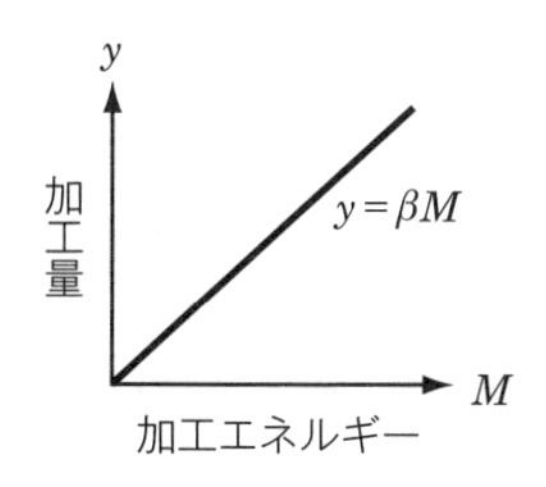

図 1.6　加工機能の入出力関係

①	切削加工	⑥	塗装技術
②	ドリル加工	⑦	エッチング技術
③	放電加工	⑧	超音波接合技術
④	研削加工	⑨	ボールミル粉砕技術
⑤	プレス加工	⑩	スポット溶接技術

(5)　保形機能

建築物や構造体，筐体（きょうたい）などに代表されるシステムに求められる機能で，外力，応力などの力に対する変位（変形量）を評価する．ばねの特性を表す，フックの法則がその代表例である．この機能は形状の安定性だけでなく，材料の内部構造の均一性や，溶接などの接合状態の安定性評価にも用いられている．入出力関係を図 1.7 に示す．保形機能が適用された代表的な技術は，①～⑩である．

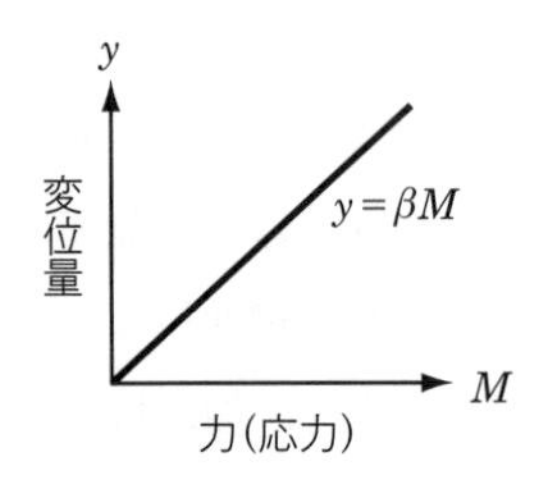

図 1.7　保形機能の入出力関係

①　筐体の強度評価	⑥　ろう付け技術
②　車両の安全性評価	⑦　塗膜耐久性評価
③　材料の均一性評価	⑧　溶接技術
④　接着条件の最適化	⑨　かしめ技術
⑤　鋳造品の評価	⑩　押しボタン感触評価

(6)　機能窓

評価対象のシステムが正常に機能する範囲を機能窓と名付け，その安定性と広さを評価する方法を機能窓拡大法という．現在，機能窓拡大法には，静特性のSN比で評価する静的機能窓法と，動特性のSN比を利用する動的機能窓法の2種類が提案されている．

静的機能窓法の考え方を図1.8に示す．横軸は入力エネルギーM，縦軸はシステムに発生する不具合の数y（若しくは発生確率）である．一般的なシステムでは，入力エネルギーが小さすぎても，大きすぎても不具合が発生する(ただし，不具合の種類は異なることが多い)．そこで，エネルギー不足で不具合になる最大の入力値をM_1，エネルギー過剰で不具合になる最小値の入力値をM_2として，両方の不具合が起こらない入力の範囲（M_2-M_1）を機能窓と定義し，システムを評価する．この範囲（窓）が広いほど，機能がよい．これが静的機能窓法での評価方法である．1980年代の米国で，複写機の紙送りシステムの評価に利用された事例は有名である．

一方の動的機能窓法は，投入される入力エネルギーが，必要とする主機能と，必要でない副機能の両方に変換されてしまうシステムの評価に適用される

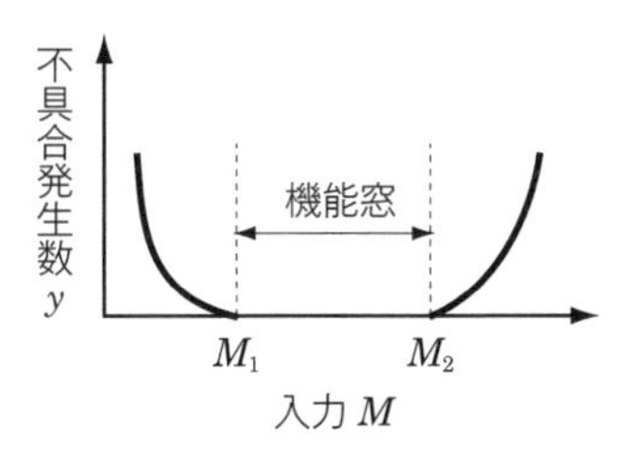

図 1.8　静的機能窓法

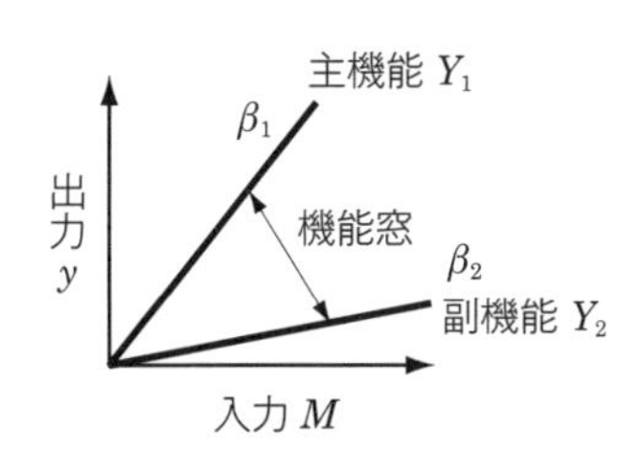

図 1.9　動的機能窓法

方法である．その関係を図 1.9 に示す．必要とする主機能を Y_1 とすると，その傾き β_1 は大きいほうがよく，逆に必要のない副機能 Y_2 の傾き β_2 は，なるべく小さくしたい．したがって，両者の傾きの差（$\beta_1-\beta_2$），若しくは傾きの比（β_1/β_2）を機能窓として，システムの性能を評価する．動的機能窓法は，化学反応のロバスト性を評価する手法として提案されたものである．機能窓拡大法が活用された代表的な技術を紹介すると下記のようになる．

① 紙送りシステム
② 粉砕分級システム
③ 写真システム（現像技術）
④ 造粒技術
⑤ 締結技術（ねじ締，かしめなど）
⑥ 化学反応

1.6　その他の基本機能

代表的な 6 つの基本機能以外にも，幾つかの重要な基本機能が存在している．例えば，発光や発熱である．これらは入力エネルギーを別種のエネルギーに変換して出力するシステムの機能であり，代表的なものとしては下記①～④がある．

① **発光機能**　入力エネルギーを光に変換する機能．照明装置がその代表．入出力関係は図 1.10 になる．

② **発熱機能**　入力エネルギーを熱に変換する機能．電熱器がその代表．入出力関係は図 1.10 になる．

③ **発電機能**　運動エネルギーを電力に変換する機能．発電装置がその代

表．入出力関係は図 1.11 になる．入出力の関係を逆にすると，モータなどの回転機器の機能になる．

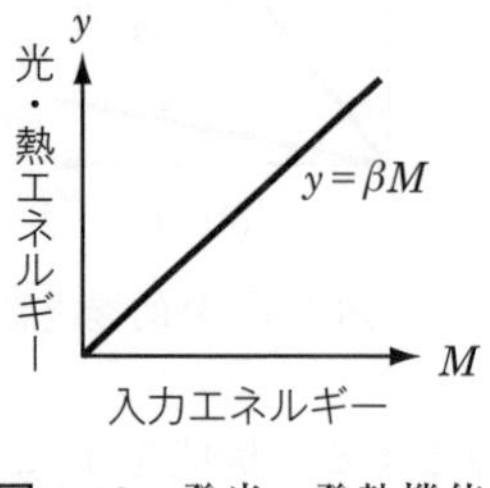

図 1.10　発光・発熱機能

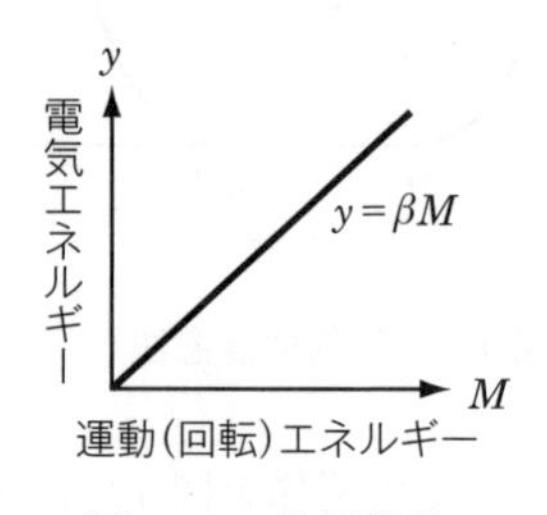

図 1.11　発電機能

④　**摺動（摩擦）機能**　垂直荷重と摩擦力の関係（摩擦現象）．ギヤや材料の評価に利用されている．入出力関係は図 1.12 になる．

これらはエネルギー変換やエネルギー伝達の機能としてまとめられそうであるが，本書ではそれぞれ個別の基本機能として紹介する．

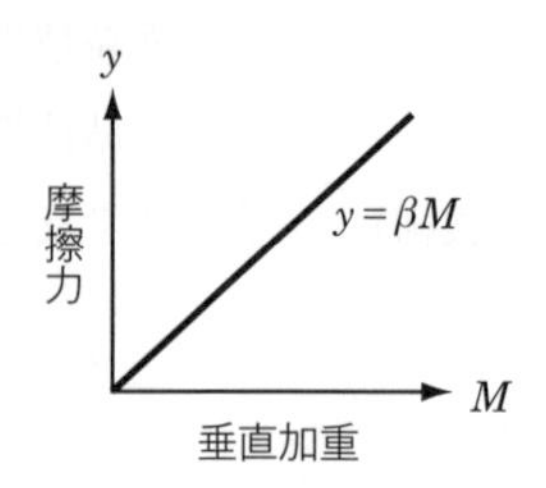

図 1.12　摺動機能

第2章　転写機能

2.1　転写機能とは

転写機能は原型（オリジナル）の特性を複製（コピー）として再現するシステムに要求される機能であり，システム図では図 2.1 のように表される．1989 年，田口から転写性として提案されて以来，幅広い技術の領域で適用が検討され，研究が進められてきた．

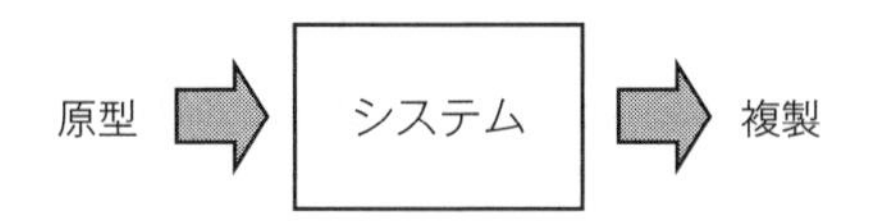

図 2.1　転写機能のシステム図

転写機能の特徴は，下記の 2 点である．

①　入出力特性がエネルギーと無関係

②　SN 比が重要で感度はほとんど無視できる

システムに投入されるエネルギーの流れを考えていない，ということで，転写機能は基本機能ではない，とする考え方も存在しているが，入出力の理想状態が原点を通る直線であり，適用されているシステムや技術領域の広さ，そして転写機能が提案されたことによるモノづくり，特に加工技術の領域において，システムの見方や機能改善の考え方が大きく変化したことを考慮すれば，重要な基本機能の一つであることは間違いない．

転写の対象となるのは，大きく分類すると画像と物体の二つであり，様々な画像関連製品や加工システムに対して適用され，多くの研究事例が公表されている．下記の①，②に具体的な転写の対象と，適用された製品，システムを紹介する．

さらに，画像や加工技術の領域を越え，搬送システムや計測技術など，より広い技術分野での利用が検討された．ここではそれらをその他の活用分野として，下記③に紹介する．

① 画像

転写の対象：写真，コピー，印刷物，映像など

製品，システム：カメラ，複写機，プリンタ，プロジェクタなど

② 物体

転写の対象：金属，樹脂，セラミックス，ガラスなどの成形品

製品，システム：成形，切削，穿孔，切断などの加工システム，3D プリンタなど

③ その他の活用分野

計測技術，搬送システム，構造物（筐体），接合技術，フォトレジスト技術，音声技術，基板パターンニング，表面処理加工，穴あけ加工など

2.2 画像の転写

画像転写システムへの適用研究は，カメラや複写機，プリンタなどの製品開発や技術開発を中心に進められ，多くの研究事例が公表されている．これは，画像に関連する企業の多くが，品質工学の社内導入を積極的に進めてきたことに関連しているかも知れない．

画像転写システムの代表的な入力は原画であり，原画が持つ様々な特性値を忠実に再現した複製が出力である．複写機であれば原稿とコピー，カメラであれば被写体と写真ということになる．

2.2.1 画像転写の入出力特性と SN 比，感度の計算

画像転写機能の入出力関係は，原画の特性値（入力 M）に対する，複製画の特性値（出力 y）が，原点を通る直線 $y=\beta M$ になることが理想である．代表的な特性値としては，下記(1)～(7)がある．

それぞれの入出力関係を，図 2.2 ～図 2.8 に示すとともに，代表的なデータ形式と，SN 比，感度の計算方法を紹介する．

(1)　線の幅

原画の線幅を入力 M，複製画の線幅を出力 y とする（図 2.2）．データ形式を表 2.1 に示す．N_1, N_2 は誤差因子．

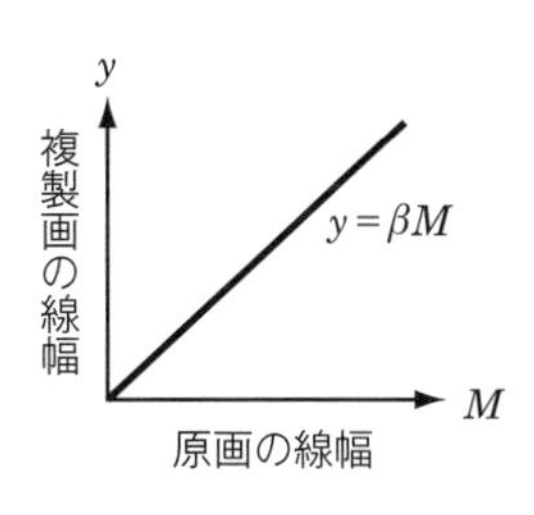

図 2.2　(1)の入出力関係

表 2.1　データ形式

	M_1	M_2	M_3
N_1	y_{11}	y_{12}	y_{13}
N_2	y_{21}	y_{22}	y_{23}

SN 比 η と感度 S は，下記の手順で計算する．

有効序数　$r = M_1^2 + M_2^2 + M_3^2$

全変動　$S_T = y_{11}^2 + y_{12}^2 + y_{13}^2 + y_{21}^2 + y_{22}^2 + y_{23}^2$

線形式　$L_1 = M_1 y_{11} + M_2 y_{12} + M_3 y_{13}$　　$L_2 = M_1 y_{21} + M_2 y_{22} + M_3 y_{23}$

比例項の変動　$S_\beta = \dfrac{(L_1 + L_2)^2}{2r}$

比例項の差の変動　$S_{N\times\beta} = \dfrac{(L_1 - L_2)^2}{2r}$

誤差変動　$S_e = S_T - S_\beta - S_{N\times\beta}$

誤差分散　$V_e = \dfrac{S_e}{f}$

プールした誤差分散　$V_N = \dfrac{S_T - S_\beta}{f}$

SN 比　$\eta = 10 \log \dfrac{(S_\beta - V_e)/2r}{V_N}$

感度　$S = 10\log\dfrac{S_\beta - V_e}{2r}$

(2)　線の長さ

原画の線長を入力，複製画の線長を出力とする（図2.3）．データ形式，SN比と感度の計算は，前述の(1)線幅と同じ．

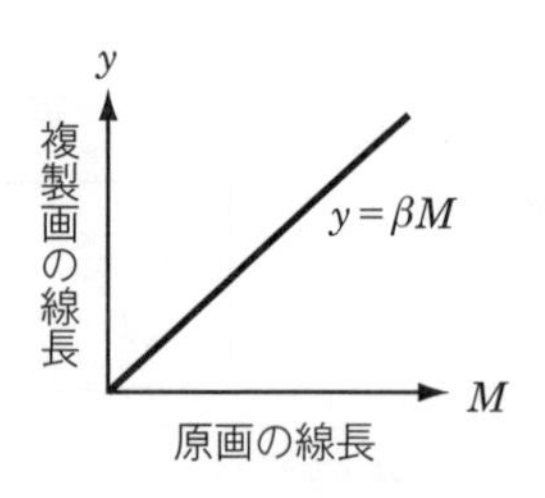

図 2.3　(2)の入出力関係

(3)　画像の面積，ドット数

原画の画像面積やドット数を入力とし，複製画の面積，ドット数を出力とする（図2.4）．データ形式，SN比と感度の計算は，前述の(1)線幅と同じ．

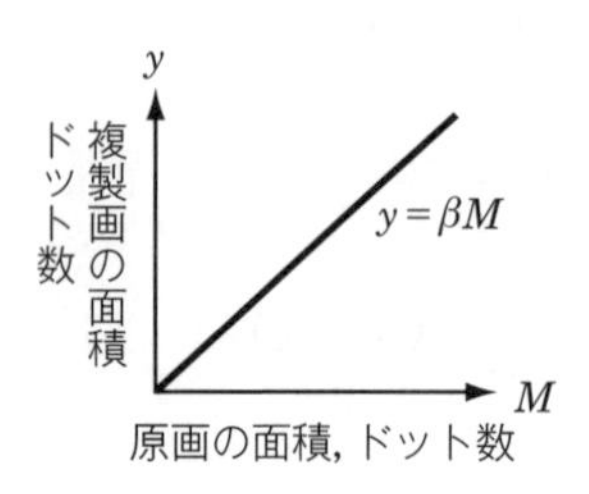

図 2.4　(3)の入出力関係

(4)　画像の位置

原画の画像位置（座標，距離）を入力，複製画の画像位置を出力とする（図2.5）．座標軸（X, Y）は標示因子として解析する．データ形式を表2.2に示す．N_1, N_2 は誤差因子．

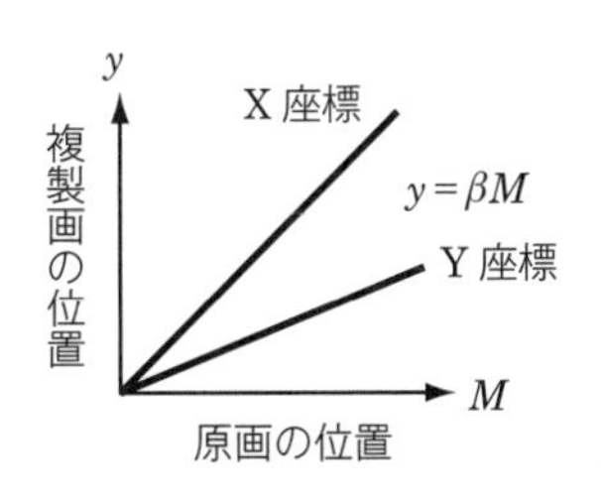

図 2.5　(4)の入出力関係

表 2.2　データ形式

	X 座標			Y 座標		
	M_1	M_2	M_3	M_4	M_5	M_6
N_1	y_{11}	y_{12}	y_{13}	y_{14}	y_{15}	y_{16}
N_2	y_{21}	y_{22}	y_{23}	y_{24}	y_{25}	y_{26}

SN 比 η と感度 S は，下記の手順で計算する．

$$r_1 = M_1^2 + M_2^2 + M_3^2 \qquad r_2 = M_4^2 + M_5^2 + M_6^2$$

$$S_T = y_{11}^2 + y_{12}^2 + y_{13}^2 + y_{21}^2 + y_{22}^2 + y_{23}^2 + y_{14}^2 + y_{15}^2 + y_{16}^2 + y_{24}^2 + y_{25}^2 + y_{26}^2$$

$$L_1 = M_1 y_{11} + M_2 y_{12} + M_3 y_{13} \qquad L_2 = M_1 y_{21} + M_2 y_{22} + M_3 y_{23}$$

$$L_3 = M_4 y_{14} + M_5 y_{15} + M_6 y_{16} \qquad L_4 = M_4 y_{24} + M_5 y_{25} + M_6 y_{26}$$

$$S_\beta = \frac{(L_1 + L_2 + L_3 + L_4)^2}{2(r_1 + r_2)}$$

$$S_{N\times\beta} = \frac{(L_1 + L_3)^2}{r_1 + r_2} + \frac{(L_2 + L_4)^2}{r_1 + r_2} - S_\beta$$

$$S_{M^*\times\beta} = \frac{(L_1 + L_2)^2}{2r_1} + \frac{(L_3 + L_4)^2}{2r_2} - S_\beta$$ ……座標による β の変動

$$S_e = S_T - S_\beta - S_{N\times\beta} - S_{M^*\times\beta} \qquad V_e = \frac{S_e}{f}$$

$$V_N = \frac{S_T - S_\beta - S_{M^*\times\beta}}{f}$$

［座標による β の変動は，ばらつき（V_N）としない．］

SN 比　$$\eta = 10\log\frac{(S_\beta - V_e)/2(r_1 + r_2)}{V_N}$$

感度　$$S = 10\log\frac{S_\beta - V_e}{2(r_1 + r_2)}$$

(5) 画像濃度

原画の濃度を入力，複製画の濃度を出力とする（図 2.6）．色（RGB など）は標示因子として解析する．データ形式を表 2.3 に示す．N_1, N_2 は誤差因子である．

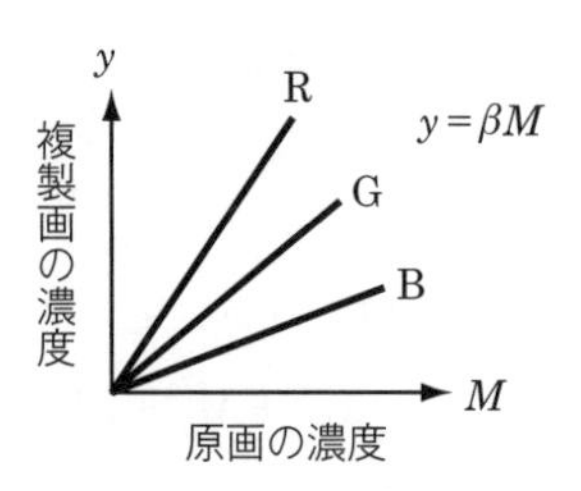

図 2.6 (5)の入出力関係

表 2.3 データ形式

	R			G			B		
	M_1	M_2	M_3	M_4	M_5	M_6	M_7	M_8	M_9
N_1	y_{11}	y_{12}	y_{13}	y_{14}	y_{15}	y_{16}	y_{17}	y_{18}	y_{19}
N_2	y_{21}	y_{22}	y_{23}	y_{24}	y_{25}	y_{26}	y_{27}	y_{28}	y_{29}

入力を各色 3 水準，誤差因子を 2 水準としたとき，SN 比と感度の計算式は下記になる．

$$r_1 = M_1^2 + M_2^2 + M_3^2 \qquad r_2 = M_4^2 + M_5^2 + M_6^2 \qquad r_3 = M_7^2 + M_8^2 + M_9^2$$

$$S_T = y_{11}^2 + y_{12}^2 + y_{13}^2 + y_{21}^2 + y_{22}^2 + y_{23}^2 + y_{14}^2 + y_{15}^2 + y_{16}^2 + \cdots + y_{28}^2 + y_{29}^2$$

$$L_1 = M_1 y_{11} + M_2 y_{12} + M_3 y_{13} \qquad L_2 = M_1 y_{21} + M_2 y_{22} + M_3 y_{23}$$

$$L_3 = M_4 y_{14} + M_5 y_{15} + M_6 y_{16} \qquad L_4 = M_4 y_{24} + M_5 y_{25} + M_6 y_{26}$$

$$L_5 = M_7 y_{17} + M_8 y_{18} + M_9 y_{19} \qquad L_6 = M_7 y_{27} + M_8 y_{28} + M_9 y_{29}$$

$$S_\beta = \frac{(L_1 + L_2 + L_3 + L_4 + L_5 + L_6)^2}{2(r_1 + r_2 + r_3)}$$

$$S_{N\times\beta} = \frac{(L_1 + L_3 + L_5)^2}{r_1 + r_2 + r_3} + \frac{(L_2 + L_4 + L_6)^2}{r_1 + r_2 + r_3} - S_\beta$$

$$S_{M^*\times\beta}=\frac{(L_1+L_2)^2}{2r_1}+\frac{(L_3+L_4)^2}{2r_2}+\frac{(L_5+L_6)^2}{2r_3}-S_\beta$$ ……色による β の変動

$$S_e=S_T-S_\beta-S_{N\times\beta}-S_{M^*\times\beta} \qquad V_e=\frac{S_e}{f}$$

$$V_N=\frac{S_T-S_\beta-S_{M^*\times\beta}}{f}$$

［色による β の変動は，ばらつき（V_N）としない.］

SN 比　$\eta=10\log\frac{(S_\beta-V_e)/2(r_1+r_2+r_3)}{V_N}$

感度　$S=10\log\frac{S_\beta-V_e}{2(r_1+r_2+r_3)}$

(6)　色彩情報 L^* a^* b^* 値

原画の色彩情報を入力，複製画の色彩情報を出力とする（図 2.7）. 各色彩情報は標示因子として解析する. データ形式，SN 比と感度の計算は，上述の(5)画像濃度と同じ.

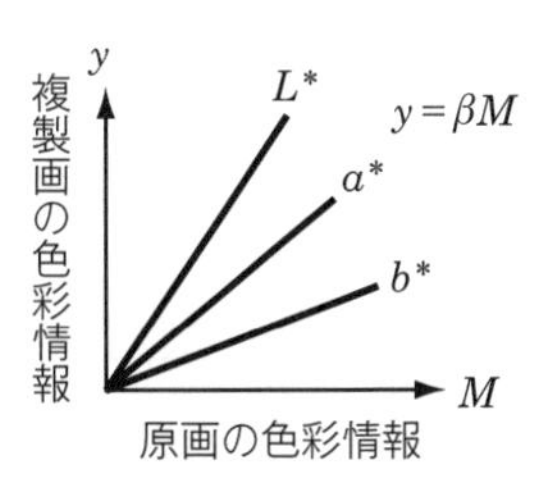

図 2.7　(6)の入出力関係

(7)　特性値の指示値

コンピュータによるデジタル画像の形成システムのように，原画が存在しないケースでは，原画の特性値の代わりに，上記(1)～(6)の指示値（目標値）を入力 M として，出力される画像の特性値を出力 y とした評価をすればよい.

指示値を入力とする場合の入出力関係は図 2.8 になる. データ形式と SN 比，感度の計算は，それぞれの特性値に準じる.

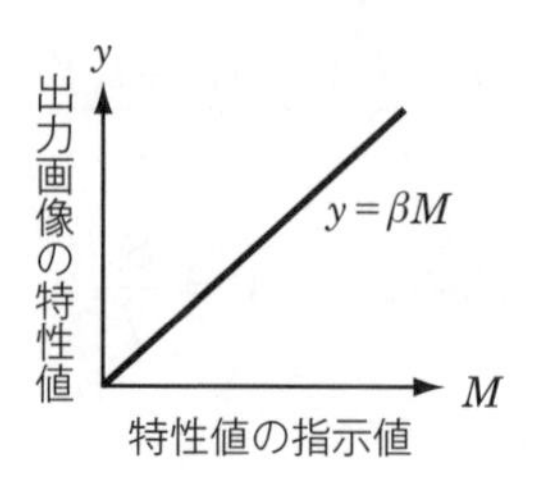

図 2.8　指示値が入力

2.2.2　画像転写の誤差因子

誤差因子は基本機能をばらつかせる要因であり，画像転写システムでは下記のような誤差因子が利用されている．なお，下記の因子には，誤差因子ではなく，標示因子として利用されたものも含まれている．

① 環境条件：気温，湿度など．システムの使用環境以外に，紙やフイルム，インクの保管環境も重要．

② 出力媒体の種類：紙の厚さ，大きさ，筋目，材質，フイルムの感度，材質，液晶やスクリーンの種類など

③ 印刷，撮影モード：倍率，速度，枚数，連続間欠，片面両面など

④ 画像（被写体）の位置（図 2.9）：横方向の位置（左，右，中央），縦方向の位置（前，後，中央）

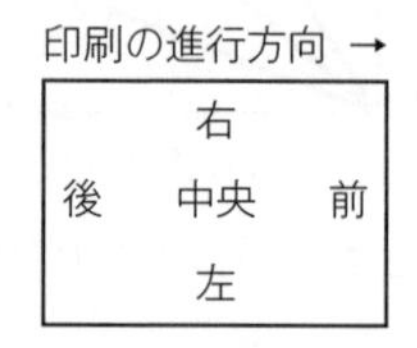

図 2.9　画像の位置

⑤ 画像の種類：画像の色（カラー，黒），文字画像，写真画像，画像の面積率など

⑥ 現像剤，インク，トナー：種類（固体，粉体，液体），材質，色，残量（タンクやボトル内），物性値（粒子径，粘度）

⑦ 装置の設置条件：設置する床やテーブルなどの傾き，壁や天井など周辺

との距離

⑧　装置・部材の劣化：使用年数（時間），摩耗量，硬度，弾性，表面粗さの変化など

画像転写機能の評価では，対象システムにおいて重要と考えられる誤差因子を①～⑧から選定し，調合（＋側最悪，－側最悪）するか，技術的な知見や知識がなく，調合できない場合には直交表に割り付けて実験する．

2.2.3　画像転写の特徴

ここで感度βに注目すると，この場合の感度は，複製された出力画像の平均的な濃度，あるいは線幅の縮尺率に当たるので，原画を忠実に再現するということから考えると，感度βは1であることが理想的である．しかし，出力画像の濃度や寸法は，システムを利用する顧客の好みで自由に調整できることが望ましい．色を薄くするとか，縮小するなどである．一般的に，これらの調整は単純な設定値の変更で可能であり，光学系の倍率や露光量，インク濃度などで容易に調整できる．

一方のSN比（＝直線性）は，濃度や線幅の再現比率の均一性を評価している．原画には様々な濃度や線幅の画像が含まれているが，それらが全て一定の比率で出力画像に再現されていれば，入出力の関係は直線になり，SN比は大きな値となる．

SN比が大きく，入力Mの広い範囲で直線性を維持しているシステムでは，現状の感度（β_1）を調整することで，顧客が好む画像（β_2）を得ることがで

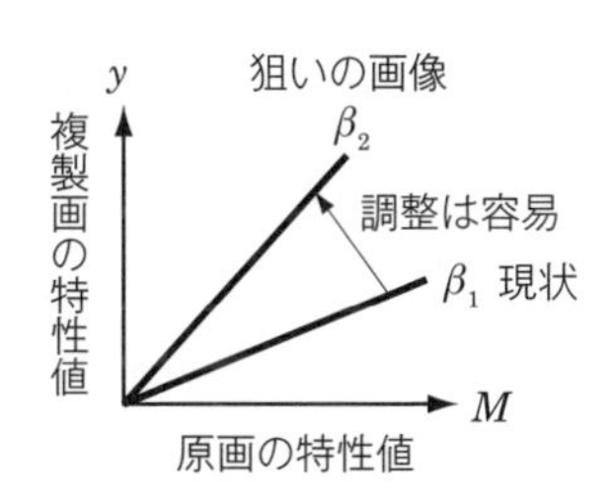

図 2.10　SN比の大きい（良い）状態

きる（図 2.10）.

逆に，SN 比の値が小さい（悪い）ということは，原画の濃度や寸法ごとに，複製画の再現性（濃度再現，寸法縮尺率）が異なるので，入出力の関係は非線形になる．画像では，原画の白い部分に色が着く，線幅が不揃いになるなどの不具合が起き，感度調整だけで顧客が好む画像を出力することは難しい．そして，画像濃度や線幅を部分的に変更，調整し，全体を均一にすることは技術的にも困難である（図 2.11）．つまり，SN 比の値が大きく，入力の広い範囲で直線性を維持しているシステムでは，簡単な感度調整で顧客要望に対応できるが，SN 比の小さいシステムでは，それが難しいのである．これが，画像の転写システムで，感度より SN 比を重要視する理由であり，転写機能で評価されるシステムや技術が持っている大きな特徴でもある．

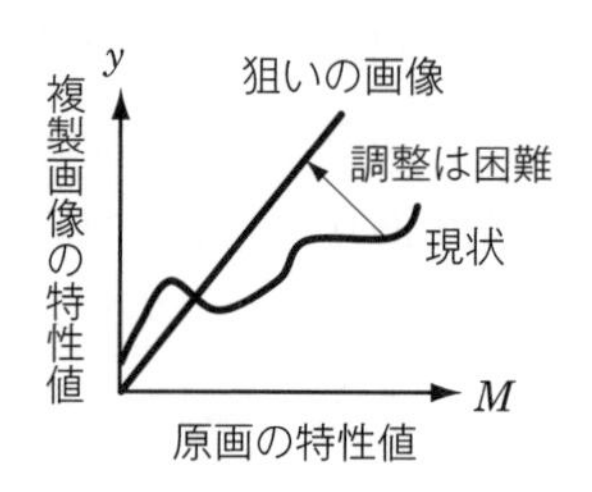

図 2.11　SN 比の小さい（悪い）状態

2.3　物体の転写

物体転写の代表的な技術領域は加工技術である．加工技術と一言で言っても，成形，切削，旋削，切断，曲げ，研磨，穿孔など，様々な分野があり，最近では 3D プリンタなども注目されている．いずれの分野でも，転写機能による最適化が検討され，様々な入出力関係が基本機能として公表されている．その中でも成形加工，特に射出成形の研究事例が多い．

射出成形は，樹脂や金属を加熱して流動性を持たせた状態で，製品を想定した形状の型（金型）に流し込んで成形し，型から取り出して製品を作る技術である．したがって，型の形状（寸法や角度など）が入力で，加工後の製品形状が出力である．型を利用する場合のシステム図は図 2.13 になる．

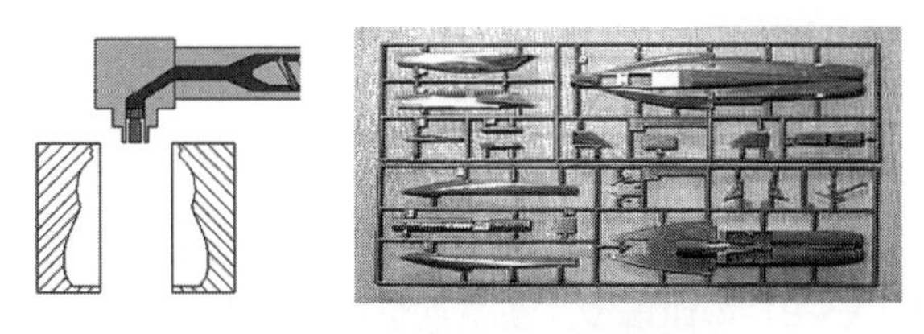

図 2.12　物体転写の代表は成形加工

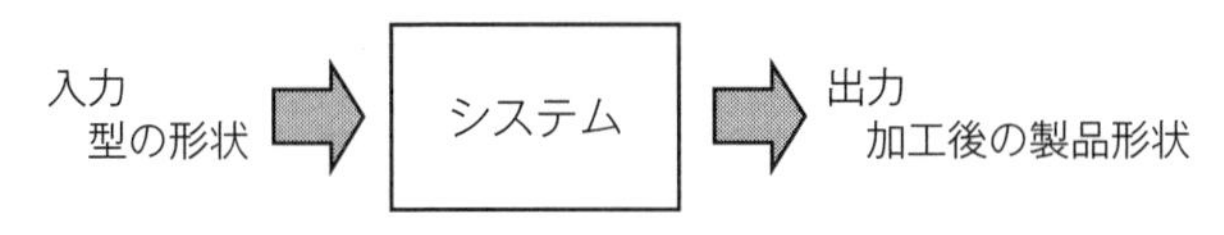

図 2.13　物体転写のシステム図

成形時に型を使用しない切削加工や穿孔，3D プリンタなどでは，加工形状の指示値（切削量，穴の深さ，穴径）や製品の設計値が入力であり，加工後の製品寸法や形状が出力である．

それぞれのケースにおける入力と出力の関係は図 2.14，図 2.15 となり，いずれの場合も原点を通る直線になることが理想である．

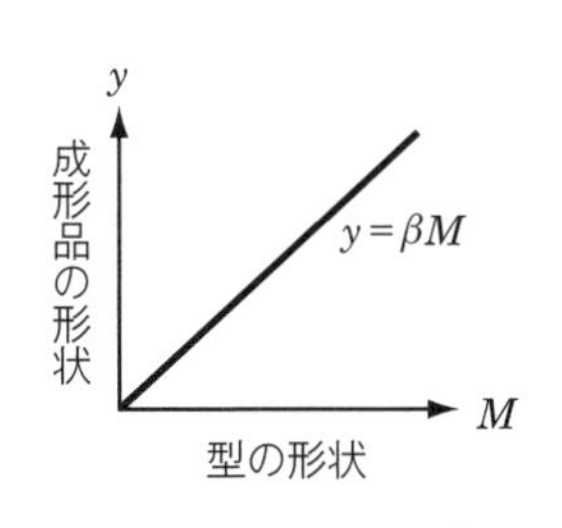

図 2.14　型成形の入出力関係

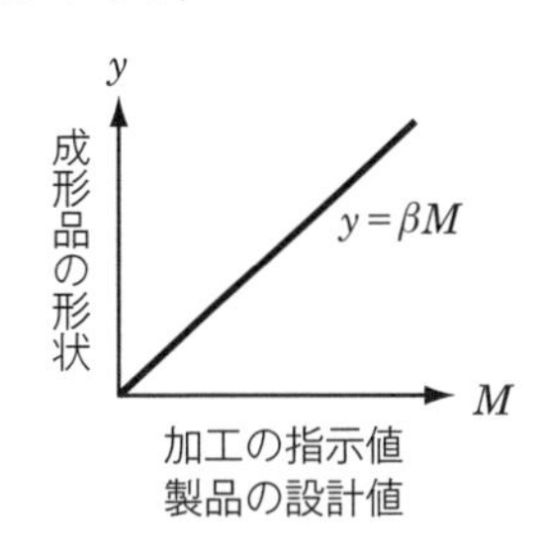

図 2.15　型を使わないときの入出力関係

2.3.1　物体転写の入出力特性と SN 比，感度の計算

物体の転写では，大きく分けて二つの特性が対象になる．一つは寸法や角度などの外観形状，もう一つは充填率や重量などの内部構造（内部品質）である．寸法や角度など，外観形状だけ転写しても，内部が空洞では成型品として

の価値は低くなる．具体的な特性値としては，下記①～⑥がある．それぞれの入出力関係，データの形式，SN 比，感度の計算手順を紹介する．

(1)　外観形状の転写

① **寸法（長さ，距離）**　型各部の寸法，若しくはその指示値を入力 M，加工後の製品各部の寸法を出力 y とする（図 2.16）．各辺の長さではなく，2 頂点間（A～B）の距離や，基準点からの距離（P～A，P～B）でもよい（図 2.17，図 2.18）．いずれの方法でも，場所や組合せの数を増やして，多くのデータ（入力水準）で評価するのがよい．

図 2.17 では，28 通りの距離を入力（信号）として評価することが可能である．入力の水準数を増やすことで，様々な角度や方向の距離が評価対象となり，転写機能の評価精度が向上する．

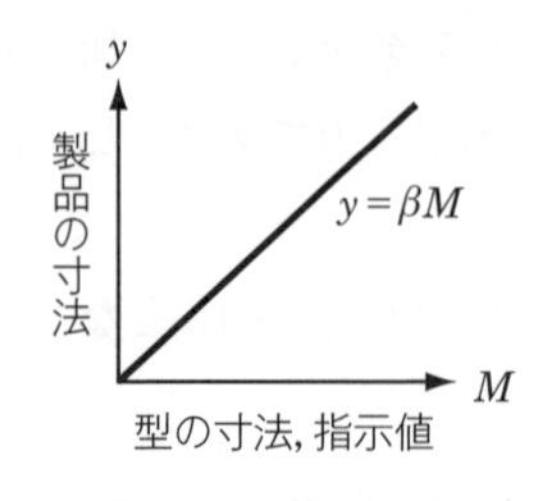

図 2.16　①の入出力関係

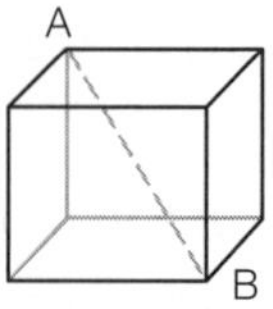

図 2.17　2 頂点間（A～B）の距離

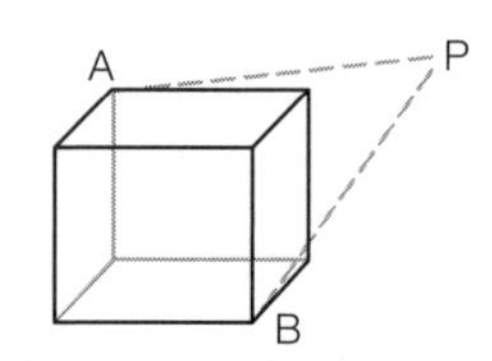

図 2.18　基準点 P からの距離

入力を 28 水準，誤差因子を 2 水準としたときのデータ形式は表 2.4 になる．

表 2.4　データ形式

	M_1	M_2	⋯	M_{28}
N_1	y_{11}	y_{12}	⋯	y_{128}
N_2	y_{21}	y_{22}	⋯	y_{228}

SN 比 η と感度 S は，下記の手順で計算する．

有効序数　$r = M_1{}^2 + M_2{}^2 + M_3{}^2 + \cdots + M_{28}{}^2$

全変動　$S_T = y_{11}{}^2 + y_{12}{}^2 + y_{13}{}^2 + \cdots + y_{228}{}^2$

線形式　$L_1 = M_1 y_{11} + M_2 y_{12} + \cdots + M_{28} y_{128}$

$$L_2 = M_1 y_{21} + M_2 y_{22} + \cdots + M_{28} y_{228}$$

比例項の変動　$S_\beta = \dfrac{(L_1 + L_2)^2}{2r}$

比例項の差の変動　$S_{N\times\beta} = \dfrac{(L_1 - L_2)^2}{2r}$

誤差変動　$S_e = S_T - S_\beta - S_{N\times\beta}$

誤差分散　$V_e = \dfrac{S_e}{f}$

プールした誤差分散　$V_N = \dfrac{S_T - S_\beta}{f}$

SN 比　$\eta = 10 \log \dfrac{(S_\beta - V_e)/2r}{V_N}$

感度　$S = 10 \log \dfrac{S_\beta - V_e}{2r}$

② **角度，曲率**（図 2.19）　型各部の角度や曲率，若しくはその指示値を入力 M，製品各部の角度や曲率を出力 y とする．①と同様に，様々な場所のデータを取ること．データ形式，SN 比と感度の計算は①と同じ．

③ **表面粗さ**（図 2.19）　型表面の粗さ，若しくはその指示値を入力 M，加工後の表面粗さを出力 y とする．①と同様に，様々な場所のデータを取ること．データ形式，SN 比と感度の計算は①と同じ．

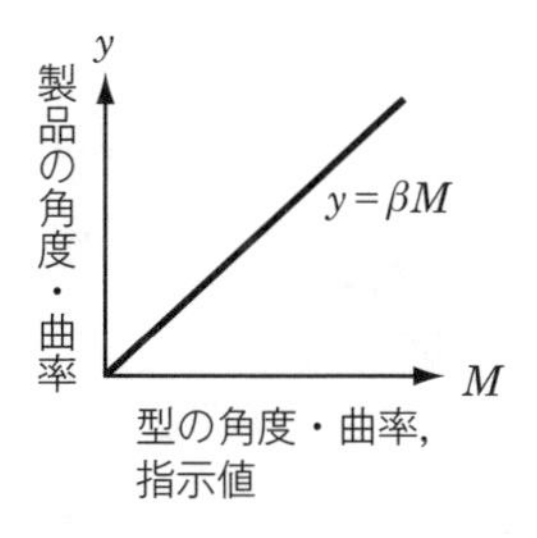

図 2.19　②，③の入出力関係

④ **穴径**（図2.20） ドリルなどによる穴あけ加工では，ドリルの径，若しくは穴径の指示値を入力Mとし，加工後の穴径を出力yとする．データ形式，SN比と感度の計算は①と同じ．

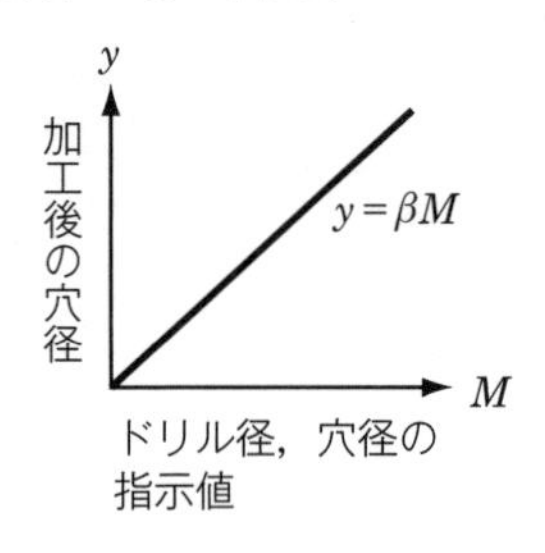

図2.20 ④の入出力関係

外観形状における感度は，製品の収縮率，若しくは膨張率に当たる．金型の形状や指示値を忠実に再現するということから考えると，感度βは1がよさそうだが，図2.14，図2.15において，入力Mの広い範囲で直線性が維持（SN比が大きい）されていれば，感度は無視できる．なぜなら，金型の寸法や指示値の変更などで容易に目標値に調整できるからである．例えば，感度βが0.5のときは金型寸法や指示値を狙いの2倍に，感度βが2であれば，0.5倍にすればよい．

一方，SN比（＝直線性）は，金型各部分の収縮率，若しくは膨張率の均一性である．SN比が小さいときは，金型の部分ごとに収縮率，膨張率が異なることを示している（図2.21）．これを修正するには大変な労力と技術が必要である．画像転写の場合と同様に，物体転写においても感度よりSN比が重要な

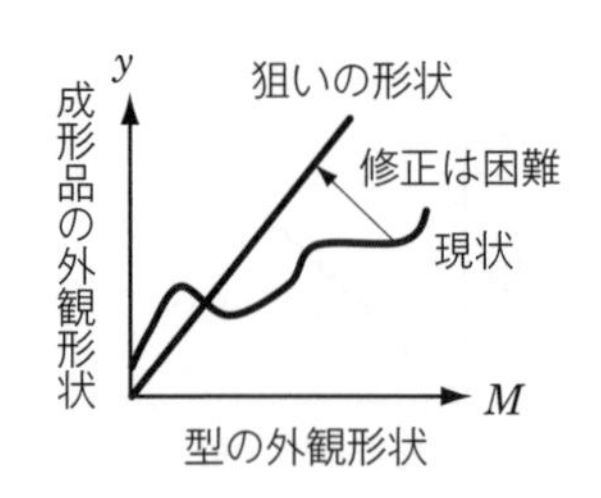

図2.21 SN比が小さいときの入出力関係

のである．

(2)　内部構造の転写

⑤　**容積**（図 2.22）　型のキャビティ容積を入力 M とし，製品の重量を出力 y とする．傾き β は比重である．

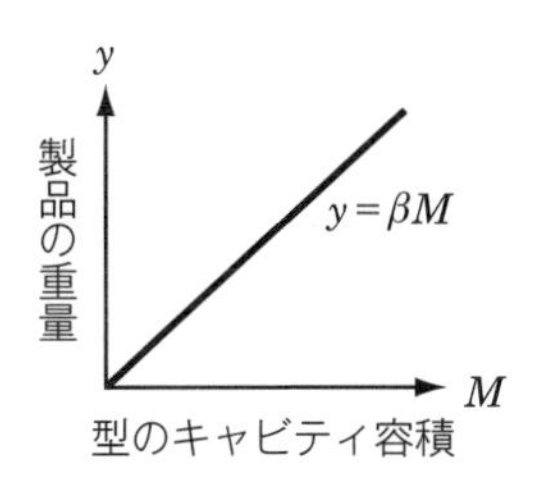

図 2.22　⑤の入出力関係

⑥　**重量**（図 2.23）　空中の重量を入力 M，水中の重量を出力 y とする．感度 β が 1 のとき，内部に空洞がなく，充填率 100%である．

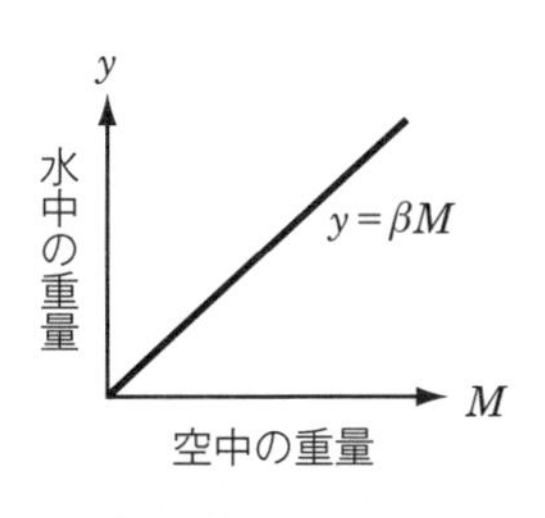

図 2.23　⑥の入出力関係

⑤，⑥のデータ形式を表 2.5 に示す．入力 M を 3 水準，誤差因子は 2 水準としている．

表 2.5　データ形式

	M_1	M_2	M_3
N_1	y_{11}	y_{12}	y_{13}
N_2	y_{21}	y_{22}	y_{23}

SN 比 η と感度 S は，下記の手順で計算する．

有効序数　$r=M_1^2+M_2^2+M_3^2$

全変動　$S_T = y_{11}{}^2 + y_{12}{}^2 + y_{13}{}^2 + y_{21}{}^2 + y_{22}{}^2 + y_{23}{}^2$

線形式　$L_1 = M_1 y_{11} + M_2 y_{12} + M_3 y_{13}$　　$L_2 = M_1 y_{21} + M_2 y_{22} + M_3 y_{23}$

比例項の変動　$S_\beta = \dfrac{(L_1 + L_2)^2}{2r}$

比例項の差の変動　$S_{N \times \beta} = \dfrac{(L_1 - L_2)^2}{2r}$

誤差変動　$S_e = S_T - S_\beta - S_{N \times \beta}$

誤差分散　$V_e = \dfrac{S_e}{f}$

プールした誤差分散　$V_N = \dfrac{S_T - S_\beta}{f}$

SN比　$\eta = 10 \log \dfrac{(S_\beta - V_e)/2r}{V_N}$

感度　$S = 10 \log \dfrac{S_\beta - V_e}{2r}$

内部構造（重量や密度）を特性値とする場合には，SN比とともに感度βも重要になる．SN比が大きくても感度が小さい場合には，密度が低い，すなわち製品の中身がスカスカな状態ということを意味するからである．特に，成型加工品の品質特性として，形状とともに強度が要求されている場合には，外観形状とともに，重量や密度を計測して，内部構造の転写機能も同時に評価する必要がある．

2.3.2　物体転写の誤差因子

誤差因子は基本機能をばらつかせる要因であり，物体の転写システムでは下記①～⑥の誤差因子が利用されている．なお，下記の因子には，誤差因子ではなく，標示因子として利用されたものも含まれている．

①　加工条件：環境（気温，湿度，季節など），設定値のばらつき（圧力，温度，時間，スピードなど），加工装置の設置状態（傾き，壁や天井との

距離，振動など)，装置・工具の劣化（使用年数，時間，摩耗量，表面性など)

② 加工後の製品保管条件：環境（気温，湿度など)，保管時間，加重の有無（強さ，方向)，ヒートサイクル（温度，時間)

③ 金型の条件：温度，組立て誤差，ゲートの位置

④ 原材料：物性値（粒子径，粘度，硬さ，流動性など)，種類（金属，樹脂，ガラス，セラミックスなど)

⑤ ショット数：初期，最終，休憩後など

⑥ 作業者のスキルレベル：スキルの高い作業者，低い作業者など

重要と考えられる誤差因子を①～⑥から選定し，調合（＋側最悪，－側最悪）するか，技術的な知見や知識がなく，調合できない場合には直交表に割り付けて実験する．

2.4　計測機器への適用

重さや長さなどの計測機器では，真値を入力 M，計測値を出力 y として評価する（図 2.24)．入出力関係の理想状態は，原点を通る直線であり，真値を加工技術における指示値とすれば，転写機能の範疇と考えられる．

計測器の場合は，真値（入力 M）が不明か，正確性に問題のあるときが多く，真値の設定方法（作り方）が重要である．これまでに研究された計測機器と，その入出力特性を下記に紹介する．

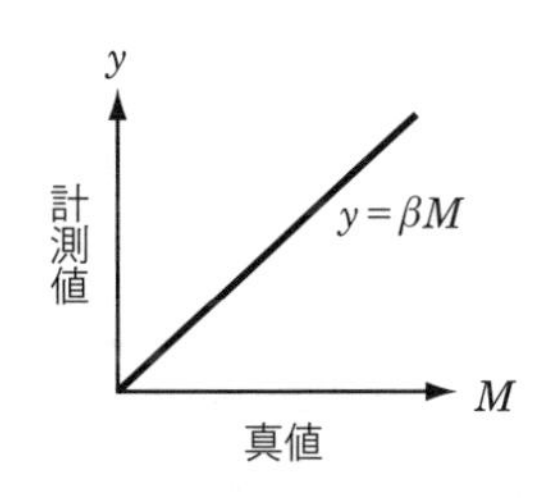

図 2.24　計測機器の入出力関係

① **粒子径分布測定器**　標準粒子の粒径を入力 M とし，信号粒子の測定結果を出力 y とする（図2.25）.

代表的な誤差因子は，測定粒子の累積数（累積%）.

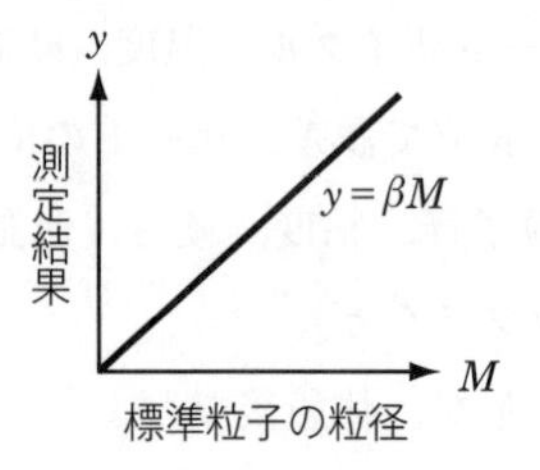

図2.25　粒子径分布測定器の入出力関係

② **レーザー変位計**　テストピースの寸法を入力 M とし，測定値を出力 y とする（図2.26）.

代表的な誤差因子は装置の設置条件（傾きなど）.

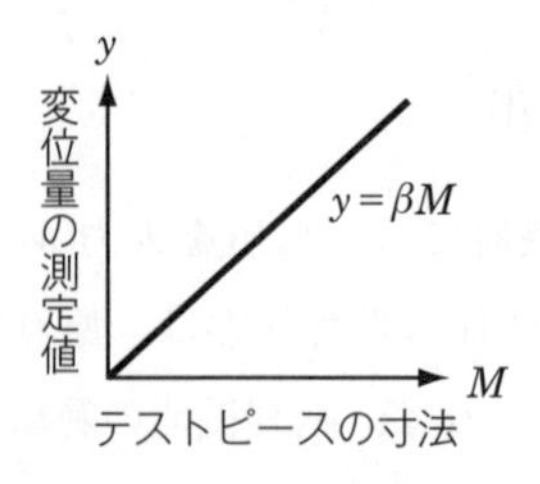

図2.26　レーザー変位計の入出力関係

③ **輝度センサー**　上位機種での測定値を入力 M とし，当該機種での測定

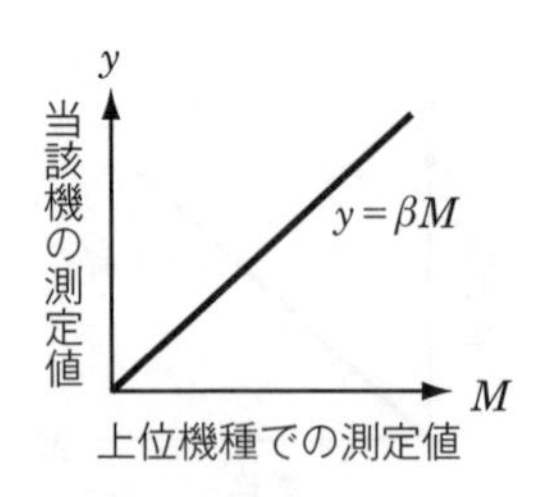

図2.27　輝度センサーの入出力関係

値を出力 y とする（図 2.27）.

④　**分光光度計**　物質が溶け込んだ溶液の吸光度を測定し，溶液中の物質の含有量を計測する装置．物質量が正確に計量された溶液（試験溶液）に含まれる物質量を入力 M とし，吸光度の測定値を出力 y とする（図 2.28）.

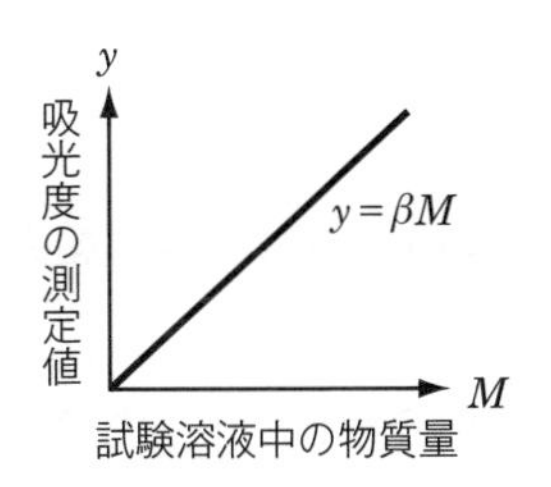

図 2.28　分光光度計の入出力関係

計測機器におけるデータ形式を表 2.6 に示す．入力 M を 3 水準，誤差因子は 2 水準としている．

表 2.6　データ形式

	M_1	M_2	M_3
N_1	y_{11}	y_{12}	y_{13}
N_2	y_{21}	y_{22}	y_{23}

SN 比 η と感度 S は，下記の手順で計算する．

有効序数　$r=M_1^2+M_2^2+M_3^2$

全変動　$S_T=y_{11}^2+y_{12}^2+y_{13}^2+y_{21}^2+y_{22}^2+y_{23}^2$

線形式　$L_1=M_1y_{11}+M_2y_{12}+M_3y_{13}$　　$L_2=M_1y_{21}+M_2y_{22}+M_3y_{23}$

比例項の変動　$S_\beta=\dfrac{(L_1+L_2)^2}{2r}$

比例項の差の変動　$S_{N\times\beta}=\dfrac{(L_1-L_2)^2}{2r}$

誤差変動　$S_e=S_T-S_\beta-S_{N\times\beta}$

誤差分散　$V_e=\dfrac{S_e}{f}$

プールした誤差分散　$V_N=\dfrac{S_T-S_\beta}{f}$

SN比　$\eta=10\log\dfrac{(S_\beta-V_e)/2r}{V_N}$

感度　$S=10\log\dfrac{S_\beta-V_e}{2r}$

誤差因子として代表的なものを下記①～③に紹介する．

①　測定環境：気温，湿度など

②　測定条件：装置や設置面の傾き，測定者の熟練度など

③　測定対象のばらつきや種類

計測技術の評価では，対象システムにおいて重要と考えられる誤差因子を数種類選定し，調合（＋側最悪，－側最悪）するか，技術的な知見や知識がなく，調合できない場合には直交表に割り付けて実験する．

2.5　音声の転写

電話機やレコード，CD，インターフォンなどに代表されるシステムであり，通話者や歌手の声，楽器の音色を受話器やレコード，CDへ転写して再生する．通話者や歌手の声が持つ様々な特性値を忠実に再現し，同じ声で再生（転写）することが求められる．楽器の音色でも同様である．

通話者の声や楽器の音色は，音圧波形であり，記録や伝送のために電気信号や光信号への変換を伴うが，システム全体では転写機能と考えてよい．システム図では図2.29のように表される．

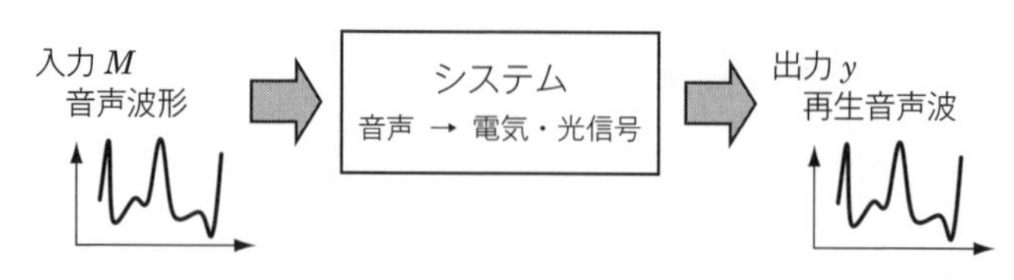

図2.29　音声転写のシステム図

2.5.1　音声転写の入出力特性と SN 比，感度の計算

音声転写機能の入出力関係は，入力音声 M がゼロのとき，再生される音声出力 y もゼロとなるべきなので，原点を通る直線になることが理想である（図 2.30）.

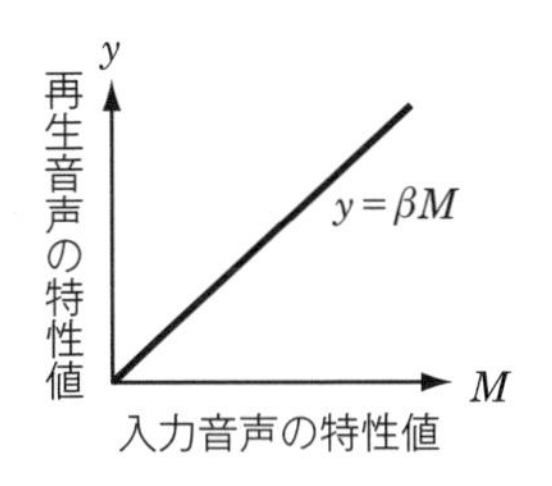

図 2.30　音声転写の入出力関係

代表的な特性値は，音声の波形データを周波数解析，過渡応答解析して抽出される，下記①～④の数値である.

①　音声波形に含まれる周波数

②　周波数ごとの音圧

③　波形の立ち上がり，立ち下がり時間

④　時系列的な特徴量（時間による積分値）など

入出力の音声波形を周波数分析し，周波数ごとの音圧をデータとするとき，周波数を F_1～F_{10} の 10 水準，誤差因子を 2 水準（N_1, N_2）では，データ形式は表 2.7 になる.

表 2.7　データ形式

出力＼入力	F_1 (M_1)	F_2 (M_2)	…	F_{10} (M_{10})
N_1	y_{11}	y_{12}	…	y_{110}
N_2	y_{21}	y_{22}	…	y_{210}

SN 比 η と感度 S の計算は，入力の音声波形から抽出された周波数ごとの音圧を入力 M とし，出力波形から得られる周波数ごとの音圧を出力 y として，下記の手順で計算する.

有効序数　$r = M_1^{\ 2} + M_2^{\ 2} + M_3^{\ 2} + \cdots + M_{10}^{\ 2}$

全変動　$S_T = y_{11}^{\ 2} + y_{12}^{\ 2} + y_{13}^{\ 2} + \cdots + y_{210}^{\ 2}$

線形式　$L_1 = M_1 y_{11} + M_2 y_{12} + \cdots + M_{10} y_{110}$

$L_2 = M_1 y_{21} + M_2 y_{22} + \cdots + M_{10} y_{210}$

比例項の変動　$S_\beta = \dfrac{(L_1 + L_2)^2}{2r}$

比例項の差の変動　$S_{N\times\beta} = \dfrac{(L_1 - L_2)^2}{2r}$

誤差変動　$S_e = S_T - S_\beta - S_{N\times\beta}$

誤差分散　$V_e = \dfrac{S_e}{f}$

プールした誤差分散　$V_N = \dfrac{S_T - S_\beta}{f}$

SN 比　$\eta = 10\log\dfrac{(S_\beta - V_e)/2r}{V_N}$

感度　$S = 10\log\dfrac{S_\beta - V_e}{2r}$

2.5.2　音声転写の誤差因子

次に代表的な誤差因子を紹介する．

①　装置の設置環境：気温，湿度，装置周辺の状況（壁や天井の有無，それぞれの材質など）

②　音声源の場所，位置：音声源（通話者，楽器などの演奏者）と装置の距離や角度

③　装置部品物性値のばらつき：経年変化，耐久劣化，部品公差など

音声転写機能の評価では，対象システムにおいて重要と考えられる誤差因子を①～③から選定し，調合（＋側最悪，－側最悪）するか，技術的な知見や知識がなく，調合できない場合には直交表に割り付けて実験する．

また，音声以外の電力（電圧，電流）や圧力，光なども，波形として計測された特性値であれば，音声と同様の考え方と手順で，転写機能による評価が可能である．

2.6　加工技術への適用

物体の転写（2.3 節）では射出成形で利用された事例を紹介したが，他の加工技術で利用された事例も多く存在するので，技術分野ごとに紹介する．

2.6.1　サンドブラスト加工

金属やガラス表面に微粒子を衝突させて，素材の表面に凹凸を付ける表面処理技術である．加工しない部分はマスクで保護し，マスクの開口部分のみに微粒子を衝突させて加工する．

入出力の関係は，マスクの開口部面積を入力 M，表面処理された面積を出力 y とすると，図 2.31 のような原点を通る直線となる．入力 M の広い範囲で直線性を維持するのが望ましい．

データの形式は，入力 M を 3 水準，誤差因子を 2 水準とすると，表 2.8 になる．

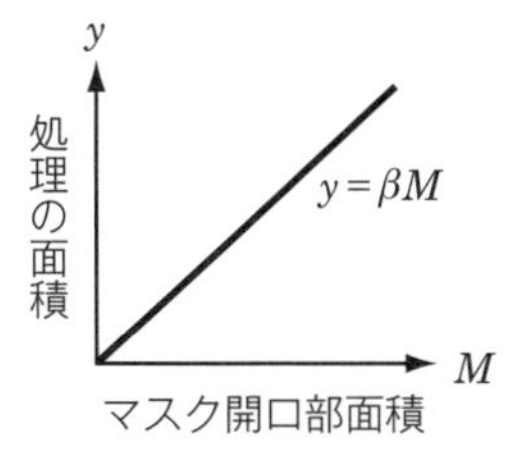

図 2.31　サンドブラスト加工の入出力関係

表 2.8　データ形式

	M_1	M_2	M_3
N_1	y_{11}	y_{12}	y_{13}
N_2	y_{21}	y_{22}	y_{23}

SN 比 η と感度 S は，下記の手順で計算する．

有効序数　$r = {M_1}^2 + {M_2}^2 + {M_3}^2$

全変動　$S_T = {y_{11}}^2 + {y_{12}}^2 + {y_{13}}^2 + {y_{21}}^2 + {y_{22}}^2 + {y_{23}}^2$

線形式　$L_1=M_1y_{11}+M_2y_{12}+M_3y_{13}$　　$L_2=M_1y_{21}+M_2y_{22}+M_3y_{23}$

比例項の変動　$S_\beta=\dfrac{(L_1+L_2)^2}{2r}$

比例項の差の変動　$S_{N\times\beta}=\dfrac{(L_1-L_2)^2}{2r}$

誤差変動　$S_e=S_T-S_\beta-S_{N\times\beta}$

誤差分散　$V_e=\dfrac{S_e}{f}$

プールした誤差分散　$V_N=\dfrac{S_T-S_\beta}{f}$

SN 比　$\eta=10\log\dfrac{(S_\beta-V_e)/2r}{V_N}$

感度　$S=10\log\dfrac{S_\beta-V_e}{2r}$

代表的な誤差因子としては，下記の 2 点である．

①　微粒子の劣化：新，旧

②　処理面の場所：素材の中央，端部など

重要と考えられる誤差因子を選定し，調合（＋側最悪，－側最悪）するか，技術的な知見や知識がなく，調合できない場合には直交表に割り付けて実験する．

2.6.2　フォトレジスト（パターン）形成

レジストを塗布した基板を露光し，基板上にレジストパターンを形成する技術である．パターンの部分をマスクで保護し，基板を露光後にマスクの開口部分をエッチング処理で除去して，パターンを形成する．入出力の関係は，マスクの開口幅を入力 M，形成されたパターンの幅を出力 y とすると，図 2.32 のように原点を通る直線となる．

入力 M をパターンの設計値とするケースもある．いずれの場合でも，入力

Mの広い範囲で直線性を維持することが望ましい．

データの形式は，入力Mを3水準，誤差因子を2水準とすると，表2.9になる．

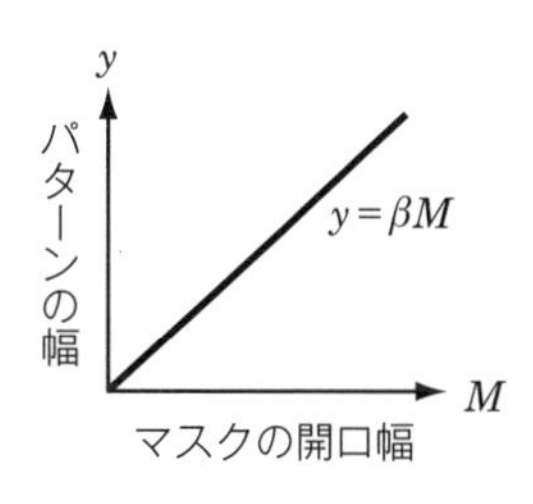

図 2.32　フォトレジスト形成の入出力関係

表 2.9　データ形式

	M_1	M_2	M_3
N_1	y_{11}	y_{12}	y_{13}
N_2	y_{21}	y_{22}	y_{23}

SN比ηと感度Sは，下記の手順で計算する．

有効序数　$r=M_1^2+M_2^2+M_3^2$

全変動　$S_T=y_{11}^2+y_{12}^2+y_{13}^2+y_{21}^2+y_{22}^2+y_{23}^2$

線形式　$L_1=M_1y_{11}+M_2y_{12}+M_3y_{13}$　　$L_2=M_1y_{21}+M_2y_{22}+M_3y_{23}$

比例項の変動　$S_\beta=\dfrac{(L_1+L_2)^2}{2r}$

比例項の差の変動　$S_{N\times\beta}=\dfrac{(L_1-L_2)^2}{2r}$

誤差変動　$S_e=S_T-S_\beta-S_{N\times\beta}$

誤差分散　$V_e=\dfrac{S_e}{f}$

プールした誤差分散　$V_N=\dfrac{S_T-S_\beta}{f}$

SN比　$\eta=10\log\dfrac{(S_\beta-V_e)/2r}{V_N}$

感度　$S=10\log\dfrac{S_\beta-V_e}{2r}$

代表的な誤差因子は，下記の2点である．

① 基板上（平面上）のパターン位置

② レジスト断面（深さ方向）の位置

重要と考えられる誤差因子を選定し，調合（＋側最悪，－側最悪）するか，技術的な知見や知識がなく，調合できない場合には直交表に割り付けて実験する．

2.6.3 熱硬化成形

熱硬化性材料を加圧・加熱して成形品を作る技術である．設計値どおりの形状を確保するとともに，表面に発生する，しわを防止することが重要である．

しわの発生が，熱処理工程で起こりやすいことから，入出力の関係は，熱処理前の寸法を入力 M，熱処理後の寸法を出力 y として，原点を通る直線で定義する（図 2.33）．入力 M の広い範囲で直線性が維持されることが望ましい．

データの形式は，入力 M を 3 水準，誤差因子を 2 水準とすると表 2.10 になる．

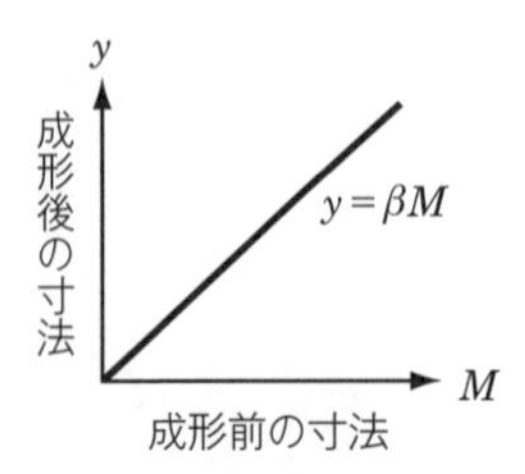

図 2.33　熱硬化成形の入出力関係

表 2.10　データ形式

	M_1	M_2	M_3
N_1	y_{11}	y_{12}	y_{13}
N_2	y_{21}	y_{22}	y_{23}

SN 比 η と感度 S は，下記の手順で計算する．

有効序数　$r = M_1^2 + M_2^2 + M_3^2$

全変動　$S_T = y_{11}^2 + y_{12}^2 + y_{13}^2 + y_{21}^2 + y_{22}^2 + y_{23}^2$

線形式　$L_1 = M_1 y_{11} + M_2 y_{12} + M_3 y_{13}$　　$L_2 = M_1 y_{21} + M_2 y_{22} + M_3 y_{23}$

比例項の変動　$S_\beta = \dfrac{(L_1 + L_2)^2}{2r}$

比例項の差の変動　$S_{N\times\beta}=\dfrac{(L_1-L_2)^2}{2r}$

誤差変動　$S_e=S_T-S_\beta-S_{N\times\beta}$

誤差分散　$V_e=\dfrac{S_e}{f}$

プールした誤差分散　$V_N=\dfrac{S_T-S_\beta}{f}$

SN 比　$\eta=10\log\dfrac{(S_\beta-V_e)/2r}{V_N}$

感度　$S=10\log\dfrac{S_\beta-V_e}{2r}$

代表的な誤差因子は，下記の 2 点である．

①　寸法の方向：縦，横，斜め

②　熱処理の条件：温度変化，炉内の場所，処理時間など

重要と考えられる誤差因子を選定し，調合（＋側最悪，－側最悪）するか，技術的な知見や知識がなく，調合できない場合には直交表に割り付けて実験する．

2.6.4　真空熱プレス加工

銅箔や樹脂からなる多層膜を，真空状態で熱プレスし，一体化（接着）させ，積層板を作る加工技術．熱プレスによる形状の変化を転写機能で評価する．

プレス前の寸法（基準点からの距離）を入力 M とし，プレス後の寸法（基準点からの距離）を出力 y とすると，入出力の関係は図 2.34 のように，原点を通る直線となり，入力 M の広い範囲で直線性を維持することが望ましい．

データの形式は，入力 M を 3 水準，誤差因子を 2 水準とすると表 2.11 になる．

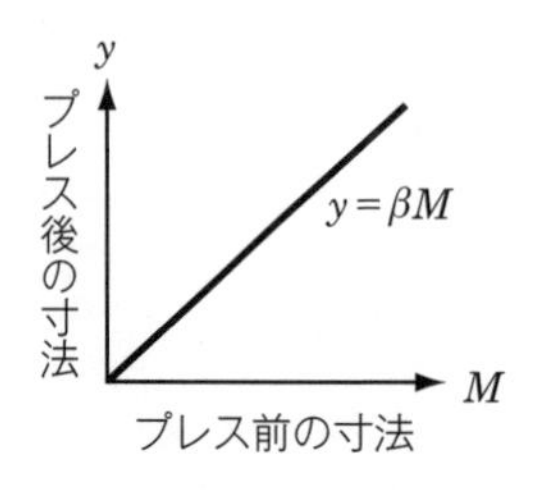

図 2.34　真空熱プレス加工の入出力関係

表 2.11　データ形式

	M_1	M_2	M_3
N_1	y_{11}	y_{12}	y_{13}
N_2	y_{21}	y_{22}	y_{23}

SN 比 η と感度 S は，下記の手順で計算する．

有効序数　$r = {M_1}^2 + {M_2}^2 + {M_3}^2$

全変動　$S_T = {y_{11}}^2 + {y_{12}}^2 + {y_{13}}^2 + {y_{21}}^2 + {y_{22}}^2 + {y_{23}}^2$

線形式　$L_1 = M_1 y_{11} + M_2 y_{12} + M_3 y_{13}$　　$L_2 = M_1 y_{21} + M_2 y_{22} + M_3 y_{23}$

比例項の変動　$S_\beta = \dfrac{(L_1 + L_2)^2}{2r}$

比例項の差の変動　$S_{N\times\beta} = \dfrac{(L_1 - L_2)^2}{2r}$

誤差変動　$S_e = S_T - S_\beta - S_{N\times\beta}$

誤差分散　$V_e = \dfrac{S_e}{f}$

プールした誤差分散　$V_N = \dfrac{S_T - S_\beta}{f}$

SN 比　$\eta = 10 \log \dfrac{(S_\beta - V_e)/2r}{V_N}$

感度　$S = 10 \log \dfrac{S_\beta - V_e}{2r}$

代表的な誤差因子は，下記の 2 点である．

①　環境条件：温度

②　資料の配置

重要と考えられる誤差因子を選定し，調合（＋側最悪，－側最悪）するか，技術的な知見や知識がなく，調合できない場合には直交表に割り付けて実験する．

2.6.5　接着技術

製品・部品などの接着加工の評価に，転写機能を利用する．接着剤としては，UV 硬化型接着剤を使用し，接着後の製品寸法の変化で，接着状態の安定性を調べる．

UV 照射直後（硬化直後）の初期寸法を入力 M とし，様々な劣化（誤差因子）を与えた後の寸法を出力 y とすると，入出力の関係は図 2.35 に示す原点を通る直線となることが理想であり，入力 M の広い範囲で直線性を維持することが望ましい．

データの形式は，入力 M を 3 水準，誤差因子を 2 水準とすると表 2.12 になる．

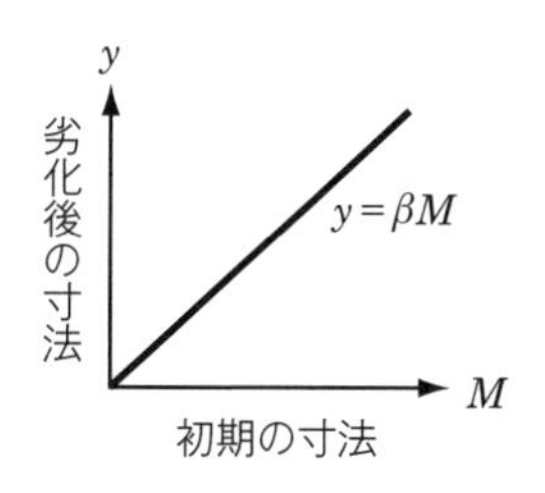

図 2.35　接着技術の入出力関係

表 2.12　データ形式

	M_1	M_2	M_3
N_1	y_{11}	y_{12}	y_{13}
N_2	y_{21}	y_{22}	y_{23}

SN 比 η と感度 S は，下記の手順で計算する．

有効序数　$r = M_1^2 + M_2^2 + M_3^2$

全変動　$S_T = y_{11}^2 + y_{12}^2 + y_{13}^2 + y_{21}^2 + y_{22}^2 + y_{23}^2$

線形式　$L_1 = M_1 y_{11} + M_2 y_{12} + M_3 y_{13}$　　$L_2 = M_1 y_{21} + M_2 y_{22} + M_3 y_{23}$

比例項の変動　$S_\beta = \dfrac{(L_1 + L_2)^2}{2r}$

比例項の差の変動　$S_{N\times\beta} = \dfrac{(L_1 - L_2)^2}{2r}$

誤差変動 $S_e = S_T - S_\beta - S_{N\times\beta}$

誤差分散 $V_e = \dfrac{S_e}{f}$

プールした誤差分散 $V_N = \dfrac{S_T - S_\beta}{f}$

SN 比 $\eta = 10\log\dfrac{(S_\beta - V_e)/2r}{V_N}$

感度 $S = 10\log\dfrac{S_\beta - V_e}{2r}$

代表的な誤差因子は，下記の2点である．

① 曲げ応力

② ヒートサイクル（低温～高温の繰り返し）

重要と考えられる誤差因子を選定し，調合（＋側最悪，－側最悪）するか，技術的な知見や知識がなく，調合できない場合には直交表に割り付けて実験する．

接着技術の評価では，接着材が硬化するときに発生する応力による形状変化が問題となることがある．このケースでは，接着工程そのものを誤差因子と考えた転写機能で評価する．入出力の関係は，接着剤が硬化する前の製品寸法を入力 M, 接着剤が硬化した段階での製品寸法を出力 y とすると，原点を通る直線になることが理想であり，入力 M の広い範囲で直線性を維持することが望ましい（図 2.36）.

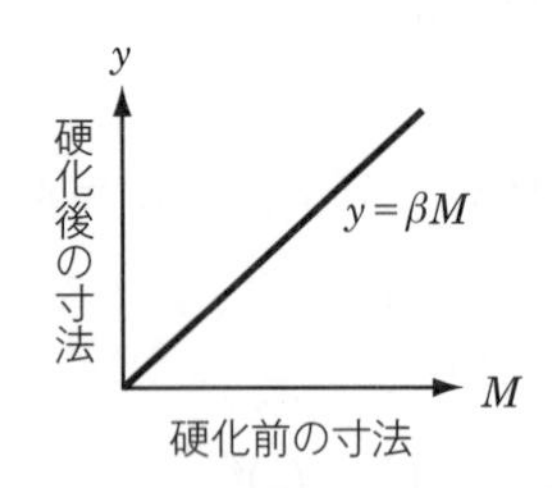

図 2.36 接着技術の入出力関係

データ形式及びSN比と感度の計算は，前述と同じである．

2.7　フレーム（筐体）の形状安定性評価

筐体の形状安定性は，保形機能での評価が一般的であるが，転写機能を利用した評価も研究されている．このケースでは，筐体に加わる外力を誤差因子と考えて，外力による寸法の変化を評価する．

入力 M は，加重をかける前の筐体各部の寸法，出力 y は，加重をかけた後の各部の寸法である．入出力の関係は，原点を通る直線となることが理想であり，入力 M の広い範囲で直線性を維持するのが望ましい（図2.37）．

データの形式は，入力 M を3水準，誤差因子を2水準とすると，表2.13になる．

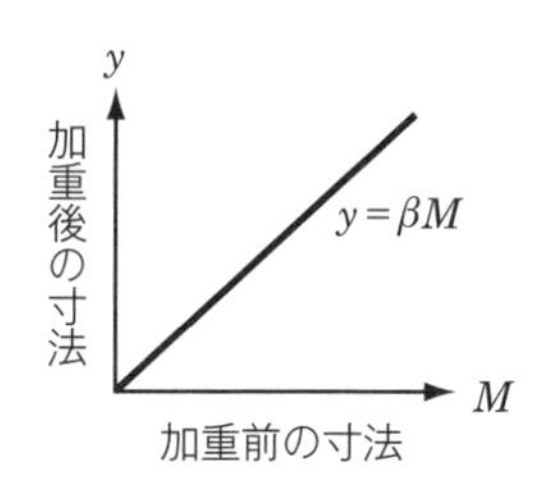

図 2.37　筐体の入出力関係

表 2.13　データ形式

	M_1	M_2	M_3
N_1	y_{11}	y_{12}	y_{13}
N_2	y_{21}	y_{22}	y_{23}

SN比 η と感度 S は，下記の手順で計算する．

有効序数　$r = {M_1}^2 + {M_2}^2 + {M_3}^2$

全変動　$S_T = {y_{11}}^2 + {y_{12}}^2 + {y_{13}}^2 + {y_{21}}^2 + {y_{22}}^2 + {y_{23}}^2$

線形式　$L_1 = M_1 y_{11} + M_2 y_{12} + M_3 y_{13}$　　$L_2 = M_1 y_{21} + M_2 y_{22} + M_3 y_{23}$

比例項の変動　$S_\beta = \dfrac{(L_1 + L_2)^2}{2r}$

比例項の差の変動　$S_{N\times\beta} = \dfrac{(L_1 - L_2)^2}{2r}$

誤差変動　$S_e = S_T - S_\beta - S_{N\times\beta}$

誤差分散 $V_e=\dfrac{S_e}{f}$

プールした誤差分散 $V_N=\dfrac{S_T-S_\beta}{f}$

SN 比 $\eta=10\log\dfrac{(S_\beta-V_e)/2r}{V_N}$

感度 $S=10\log\dfrac{S_\beta-V_e}{2r}$

代表的な誤差因子は，下記の 2 点である．

① 筐体の設置面：傾斜の角度，傾斜の方向

② 筐体にかける外力：荷重の大きさ，方向

重要と考えられる誤差因子を選定し，調合（＋側最悪，－側最悪）するか，技術的な知見や知識がなく，調合できない場合には直交表に割り付けて実験する．

2.8 紙搬送システムへの適用

複写機やプリンタに搭載される紙搬送システムでは，搬送エネルギーと搬送量の関係を評価するのが一般的であるが，転写機能として評価することも可能である．

転写機能での評価は，入力 M を紙送り量の指示値とし，紙が搬送された距離を出力 y とする．入出力の関係は，図 2.38 となり，原点を通る直線が理想である．入力 M の広い範囲で直線性を維持することが望ましい．

データの形式は，入力 M を 3 水準，誤差因子を 2 水準とすると表 2.14 になる．

SN 比 η と感度 S は，下記の手順で計算する．

有効序数 $r=M_1{}^2+M_2{}^2+M_3{}^2$

全変動 $S_T=y_{11}{}^2+y_{12}{}^2+y_{13}{}^2+y_{21}{}^2+y_{22}{}^2+y_{23}{}^2$

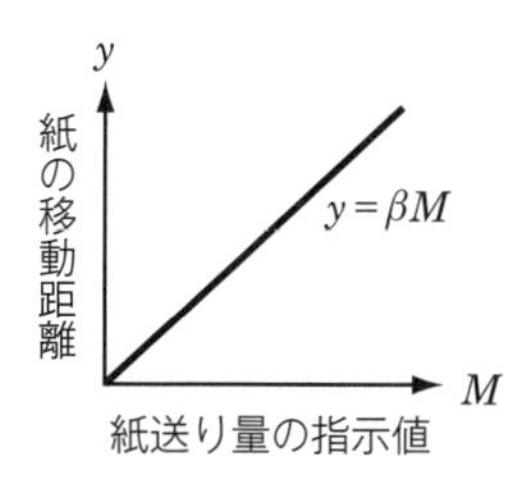

図 2.38　紙搬送システムの入出力関係

表 2.14　データ形式

	M_1	M_2	M_3
N_1	y_{11}	y_{12}	y_{13}
N_2	y_{21}	y_{22}	y_{23}

線形式　$L_1 = M_1 y_{11} + M_2 y_{12} + M_3 y_{13}$　　$L_2 = M_1 y_{21} + M_2 y_{22} + M_3 y_{23}$

比例項の変動　$S_\beta = \dfrac{(L_1 + L_2)^2}{2r}$

比例項の差の変動　$S_{N\times\beta} = \dfrac{(L_1 - L_2)^2}{2r}$

誤差変動　$S_e = S_T - S_\beta - S_{N\times\beta}$

誤差分散　$V_e = \dfrac{S_e}{f}$

プールした誤差分散　$V_N = \dfrac{S_T - S_\beta}{f}$

SN 比　$\eta = 10 \log \dfrac{(S_\beta - V_e)/2r}{V_N}$

感度　$S = 10 \log \dfrac{S_\beta - V_e}{2r}$

代表的な誤差因子は，下記の 2 点である．

①　紙種：大きさ，重さ

②　給紙部での紙の位置：上部，下部

重要と考えられる誤差因子を選定し，調合（＋側最悪，－側最悪）するか，技術的な知見や知識がなく，調合できない場合には直交表に割り付けて実験する．

第3章　搬送機能

3.1　搬送機能とは

搬送機能は，システムに投入されたエネルギーを使って，モノを移動させるシステムに要求される機能である．システム図では図 3.1 のように表される．

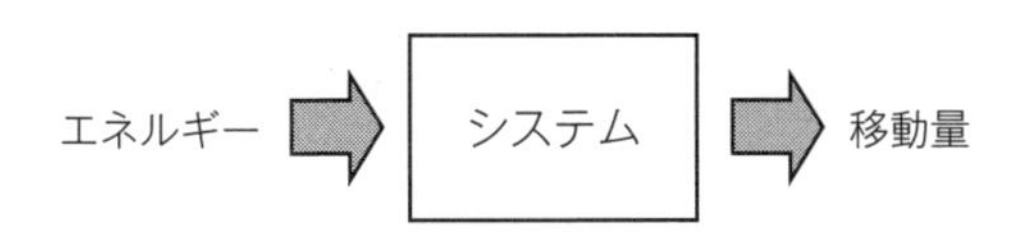

図 3.1　搬送機能のシステム図

入力エネルギーの代表的なものは電気エネルギーであるが，風力，水力，摩擦力など様々な種類のエネルギーが利用されている．出力である移動量は，移動距離や移動時間，又は搬送量（体積，重量，個数，枚数）として計測される数値である．

搬送（移動）の対象となるモノは，紙，液体，情報など，大きく分けて下記の 6 種類に分類される．それぞれの分類には更に個別の搬送対象が存在している．

①　紙（シート紙，ラベル，切符など）

②　液体（水，インク，溶融樹脂など）

③　気体（空気，酸素，ガスなど）

④　粉体（トナー，薬品，小麦粉など）

⑤　情報，データ（通信システム）

⑥　人，商品，製品（エスカレータ，エレベータ，ベルトコンベヤなど）

紙や水など，搬送するモノによって，それぞれ特色のある入出力関係が研究，提案されている．

3.2 紙の搬送

搬送機能を紙の搬送システムに適用する研究は，複写機やプリンタ関連の企業を中心に取り組まれ，多数の研究論文が公表されている．1993年に開催された第1回品質工学研究発表大会（当時の品質工学フォーラム主催）では，2日間で16件の研究論文が発表されたが，記念すべき1件目の論文が，複写機の紙搬送システムに関する研究であった．その後，自動改札機やチケット販売機など，紙の搬送システムが搭載された多くの製品に適用され，入出力特性の定義やSN比の計算方法など，搬送機能の研究範囲が広がっている．

3.2.1 紙搬送の入出力特性とSN比，感度の計算

紙の搬送システムにはいろいろな様式があるが，複写機やプリンタでは，ローラによる搬送システムが最も多く利用され，公表されている研究事例も多い．そこで，このシステムを使って紙搬送の入出力特性を説明するが，他の方式においても，基本的な考え方はほぼ同じである．

この方式には大きく分けて二つの仕組みがある．一つは上下のローラで紙を挟み込み，2本のローラを回転することによって紙を搬送する仕組み（図3.2），もう一つは紙束の上面に接触させたローラを回転して，紙束の上面から，紙を1枚ずつ搬送する仕組みである（図3.3）．

図3.2　上下ローラによる搬送システム

図3.3　上ローラによる搬送システム

いずれの仕組みでも，ローラを駆動するシステムが接続されており，駆動源としてはモータが一般的である．紙に接触しているローラを回転し，ローラと紙の摩擦力によって搬送する仕組みである．

このシステムにおける入力 M としては，下記の 4 つがある．

① ローラの回転量（角度，回数，距離，時間など）

② ローラの回転速度

③ ローラの駆動パルス数（駆動用モータの回転数）

④ ローラの駆動電力（駆動用モータの消費電力）

また，紙搬送の出力 y としては，下記の 4 つがある．

① 紙の移動距離（長さ）

② 紙の移動枚数（重量）

③ 紙の位置（基点からの距離，座標）

④ 紙の搬送時間

入出力の関係は，上記の入力と出力の組合せで定義され，いずれのケースでも，入力 M に対する出力 y が，原点を通る直線 $y=\beta M$ になることが理想である．一部の代表的な入出力関係を，図 3.4〜図 3.6 に紹介する．図 3.6 は，紙の座標位置（平面上）を特性値とする場合の入出力関係で，X, Y の座標軸は標示因子として扱う．

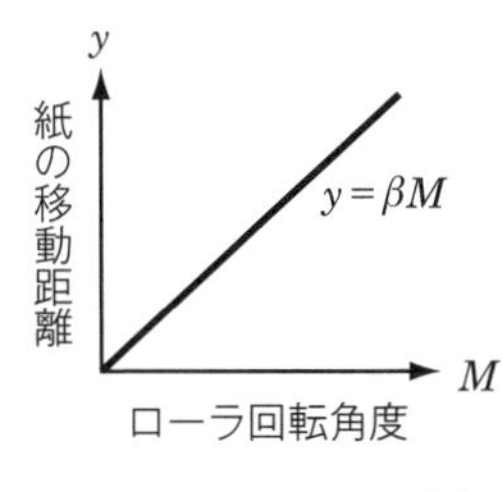

図 3.4　入出力関係(1)

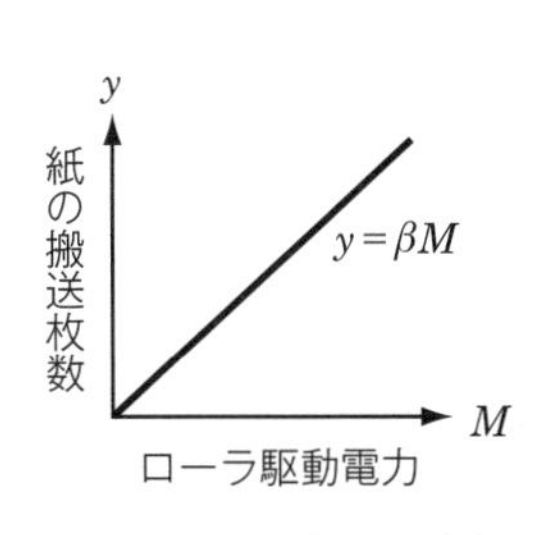

図 3.5　入出力関係(2)

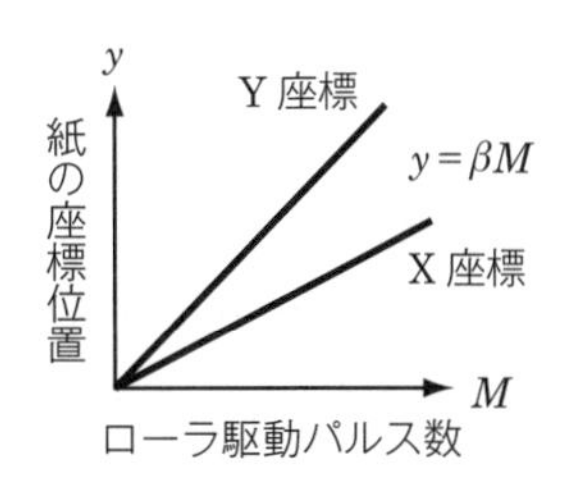

図 3.6　入出力関係(3)

図 3.4，図 3.5 の入出力関係での SN 比と感度の計算手順を紹介する．入力 M を 3 水準，誤差因子を 2 水準としたときのデータ形式を表 3.1 に示す．N_1，N_2 は誤差因子である．

表 3.1　データ形式

	M_1	M_2	M_3
N_1	y_{11}	y_{12}	y_{13}
N_2	y_{21}	y_{22}	y_{23}

SN 比 η と感度 S は，下記の手順で計算する．

有効序数　$r = M_1^2 + M_2^2 + M_3^2$

全変動　$S_T = y_{11}^2 + y_{12}^2 + y_{13}^2 + y_{21}^2 + y_{22}^2 + y_{23}^2$

線形式　$L_1 = M_1 y_{11} + M_2 y_{12} + M_3 y_{13}$　　$L_2 = M_1 y_{21} + M_2 y_{22} + M_3 y_{23}$

比例項の変動　$S_\beta = \dfrac{(L_1 + L_2)^2}{2r}$

比例項の差の変動　$S_{N\times\beta} = \dfrac{(L_1 - L_2)^2}{2r}$

誤差変動　$S_e = S_T - S_\beta - S_{N\times\beta}$

誤差分散　$V_e = \dfrac{S_e}{f}$

プールした誤差分散　$V_N = \dfrac{S_T - S_\beta}{f}$

SN 比　$\eta = 10 \log \dfrac{(S_\beta - V_e)/2r}{V_N}$

感度　$S = 10 \log \dfrac{S_\beta - V_e}{2r}$

続いて，図 3.6 の標示因子がある場合のデータ形式と，計算手順を紹介する．入力 M を 3 水準，誤差因子 2 水準の場合，データ形式は表 3.2 になる．

表 3.2　図 3.6 のデータ形式

	X 座標			Y 座標		
	M_1	M_2	M_3	M_4	M_5	M_6
N_1	y_{11}	y_{12}	y_{13}	y_{14}	y_{15}	y_{16}
N_2	y_{21}	y_{22}	y_{23}	y_{24}	y_{25}	y_{26}

N_1, N_2 は誤差因子.

SN 比 η と感度 S は，下記の手順で計算する.

$$r_1 = M_1{}^2 + M_2{}^2 + M_3{}^2 \qquad r_2 = M_4{}^2 + M_5{}^2 + M_6{}^2$$

$$S_T = y_{11}{}^2 + y_{12}{}^2 + y_{13}{}^2 + y_{21}{}^2 + y_{22}{}^2 + y_{23}{}^2 + y_{14}{}^2 + y_{15}{}^2 + y_{16}{}^2 + y_{24}{}^2 + y_{25}{}^2 + y_{26}{}^2$$

$$L_1 = M_1 y_{11} + M_2 y_{12} + M_3 y_{13} \qquad L_2 = M_1 y_{21} + M_2 y_{22} + M_3 y_{23}$$

$$L_3 = M_4 y_{14} + M_5 y_{15} + M_6 y_{16} \qquad L_4 = M_4 y_{24} + M_5 y_{25} + M_6 y_{26}$$

$$S_\beta = \frac{(L_1 + L_2 + L_3 + L_4)^2}{2(r_1 + r_2)}$$

$$S_{N\times\beta} = \frac{(L_1 + L_3)^2}{r_1 + r_2} + \frac{(L_2 + L_4)^2}{r_1 + r_2} - S_\beta$$

$$S_{M^*\times\beta} = \frac{(L_1 + L_2)^2}{2r_1} + \frac{(L_3 + L_4)^2}{2r_2} - S_\beta$$ ……座標による β の変動

$$S_e = S_T - S_\beta - S_{N\times\beta} - S_{M^*\times\beta} \qquad V_e = \frac{S_e}{f}$$

$$V_N = \frac{S_T - S_\beta - S_{M^*\times\beta}}{f}$$

[座標による β の変動は，ばらつき（V_N）としない]

SN 比　$\eta = 10 \log \dfrac{(S_\beta - V_e)/2(r_1 + r_2)}{V_N}$

感度　$S = 10 \log \dfrac{S_\beta - V_e}{2(r_1 + r_2)}$

上記の式で計算されるSN 比は，搬送の安定性，感度は搬送効率である．紙搬送システムの評価では，両方とも重要であり，大きな値になることが望ましい．感度に目標値がある場合には，調整因子を使って狙いの値にチューニングする．調整因子は，SN 比への影響が小さく，感度のみ変化できることが理想である．

3.2.2　紙搬送の誤差因子

誤差因子は基本機能をばらつかせる要因であり，紙搬送システムでは下記①～⑦の誤差因子が利用されている．なお，下記の因子には，誤差因子ではなく，標示因子として利用されたものも含まれている．

① 紙の種類：大きさ（A3，A4，B3など），重さ（坪量），材質（普通紙，コート紙，再生紙，OHPなど）

② 通紙の方向：縦（長手方向）通紙，横（幅方向）通紙，筋目の方向，筋目と直角方向

③ 紙の保管環境：温度，湿度，保管時間，保管方法など

④ 紙の位置（図3.7）：紙束の上面下面，紙の前後左右など

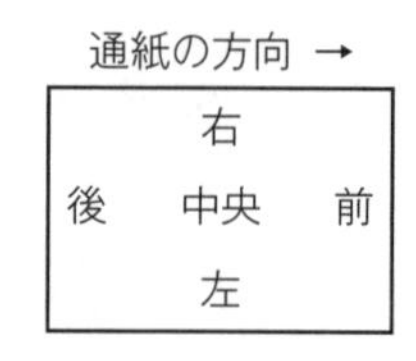

図3.7　紙の位置

⑤ 通紙のモード：枚数，連続間欠，片面両面など

⑥ 装置の劣化：ローラの表面粗さ，硬度，摩擦係数の変化，汚れの付着など

⑦ 装置の設定ばらつき：ローラのセット位置，圧力，傾きなどのばらつき

重要と考えられる誤差因子を①～⑦から選定し，調合（＋側最悪，－側最悪）するか，技術的な知見や知識がなく，調合できない場合には直交表に割り付けて実験する．

3.2.3　紙搬送の特徴

紙の搬送では，移動量のほかに搬送後の外観も重要である．搬送中に破れたり，しわが入ったりすることは許されない．そこで，実際の紙搬送システムの改善研究では，移動量の評価とともに，搬送後の外観形状を評価するケースも見受けられる．外観形状の主なものは，紙しわ，紙の反り，汚れ，破れなどで

ある．特にローラ搬送システムでは，ローラの圧接力や摩擦により，しわや反りが発生しやすい．また，紙搬送のシステムでは，搬送された紙を所定の場所に保管，積載する必要があり，この場合には積載位置のばらつき，位置ずれが問題になる．いずれの特性も発生してほしくない特性なので，これらは静特性の SN 比で評価する．

3.2.4　紙搬送における入出力特性の変遷

第 1 章にも記載したが，紙搬送システムにおける基本機能の研究は，複写機やプリンタ関連の企業が中心となって，長年にわたって継続され，その間，様々な入出力関係が提案されてきた．図 3.8～図 3.10 に代表的なものを紹介する．

最も初期の評価方法は，何万枚という大量の紙を使って搬送テストし，給紙のミス（空送り）や重送（複数枚の紙が同時に搬送される現象）などの発生率を特性値としていたが，品質工学の普及とともに，正常に機能する範囲を機能窓として評価する，静的機能窓法（図 3.8）での検討が提案され，ついでロー

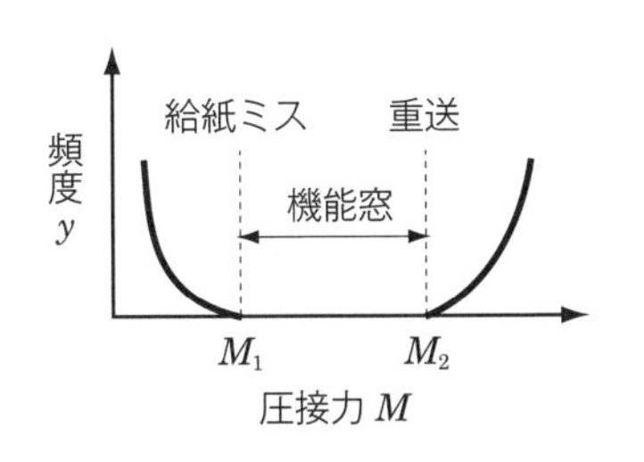

図 3.8　静的機能窓の評価

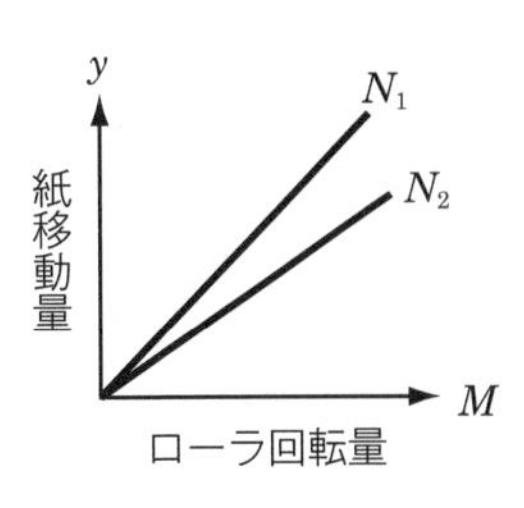

図 3.9　搬送機能の評価

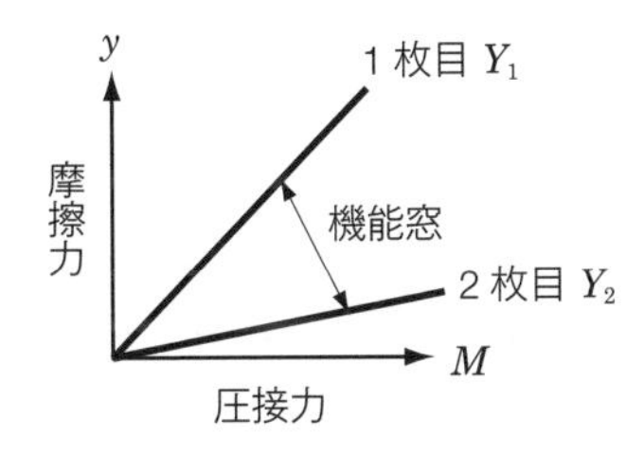

図 3.10　摩擦力の評価

ラ回転量と移動量の関係（図 3.9）を評価するようになり，2000 年代になって紙とローラとの摩擦力を評価する動的機能窓法（図 3.10）が提案されている．そして，近年ではコンピュータシミュレーションの利用により，研究スピードが飛躍的に向上している．

3.3　液体の搬送

水やインク，樹脂などを搬送するシステムとしては，ポンプやスクリュー，バルブなどによる搬送システムがあり，発電設備や上下水道，ポットや洗濯機まで，我々の日常生活には欠かせない設備や電化製品に利用されている．研究事例として公表されているものには，往復運動するポンプによる水の搬送，プリンタにおけるインクカートリッジからサブタンクへのインク供給の事例，射出成型（形）機における溶融樹脂のスクリュー搬送システムの事例がある．

3.3.1　液体搬送の入出力特性と SN 比，感度の計算

システムに要求されている基本的な性能は，液体を安定に搬送することであるから，出力 y は搬送された液量（重量，体積）である．一方，入力 M は搬送システムによって様々である．入力 M として採用された特性値を下記①～⑤に紹介する．

① ポンプの回転速度，回転回数，回転時間

② 送液用モータの消費電力

③ 搬送用スクリューの回転速度，回転時間

④ 送液時間

⑤ バルブの開口面積

入出力の関係は，いずれのケースでも，入力 M に対する出力 y が，原点を通る直線 $y=\beta M$ であることが理想である（図 3.11）．入力の広い範囲で直線性が維持され，感度は大きいほうがよい．

データ形式は，入力 M を 3 水準，誤差因子を 2 水準とすると，表 3.3 にな

る．N_1, N_2 は誤差因子である．

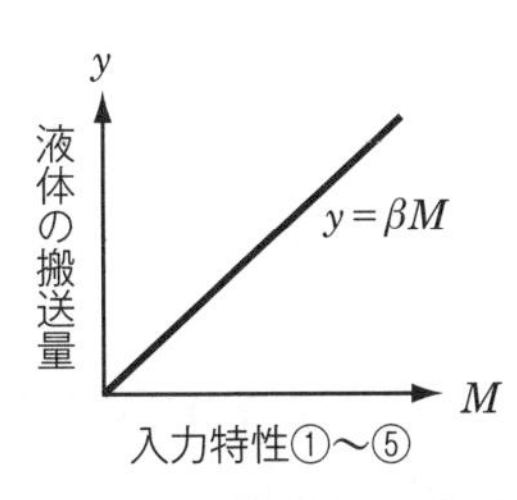

図 3.11　液体搬送の入出力関係

表 3.3　データ形式

	M_1	M_2	M_3
N_1	y_{11}	y_{12}	y_{13}
N_2	y_{21}	y_{22}	y_{23}

SN 比 η と感度 S は，下記の手順で計算する．

有効序数　$r = {M_1}^2 + {M_2}^2 + {M_3}^2$

全変動　$S_T = {y_{11}}^2 + {y_{12}}^2 + {y_{13}}^2 + {y_{21}}^2 + {y_{22}}^2 + {y_{23}}^2$

線形式　$L_1 = M_1 y_{11} + M_2 y_{12} + M_3 y_{13}$　　$L_2 = M_1 y_{21} + M_2 y_{22} + M_3 y_{23}$

比例項の変動　$S_\beta = \dfrac{(L_1 + L_2)^2}{2r}$

比例項の差の変動　$S_{N\times\beta} = \dfrac{(L_1 - L_2)^2}{2r}$

誤差変動　$S_e = S_T - S_\beta - S_{N\times\beta}$

誤差分散　$V_e = \dfrac{S_e}{f}$

プールした誤差分散　$V_N = \dfrac{S_T - S_\beta}{f}$

SN 比　$\eta = 10\log\dfrac{(S_\beta - V_e)/2r}{V_N}$

感度　$S = 10\log\dfrac{S_\beta - V_e}{2r}$

SN 比，感度ともに大きくなることが望ましい．

3.3.2　液体搬送の誤差因子

誤差因子は基本機能をばらつかせる要因であり，液体搬送では下記①～④の誤差因子が利用されている．

①　液体の種類：材質（水，溶液，インクなど），物性値（粘度，濃度など）

②　外部環境：気温，湿度

③　装置条件：流路形状，設定圧力のばらつき，設置場所の傾斜など

④　装置の使用モード：連続・間欠，流量・流速の設定値など

重要と考えられる誤差因子を①～④から選定し，調合（＋側最悪，－側最悪）するか，技術的な知見や知識がなく，調合できない場合には直交表に割り付けて実験する．なお，上記の因子には，誤差因子ではなく，標示因子として利用されたものも含まれている．

3.3.3　液体搬送の特徴

医療用機器や精密な実験装置に搭載される液体搬送システムでは，搬送量のSN比や感度と合わせて，搬送中の液漏れや，吐出量の微小な変化（脈動）が問題になるケースがある．液漏れは搬送経路も含めたシステム密閉性の問題であり，脈動はポンプの性能や流路における液体の流れ方が関係している．いずれの特性も，図3.11の入出力関係で評価可能であるが，特性値の変化量が微小であるため，搬送機能とは分離して，静特性のSN比（望小特性）で評価するケースもある（図3.12）．

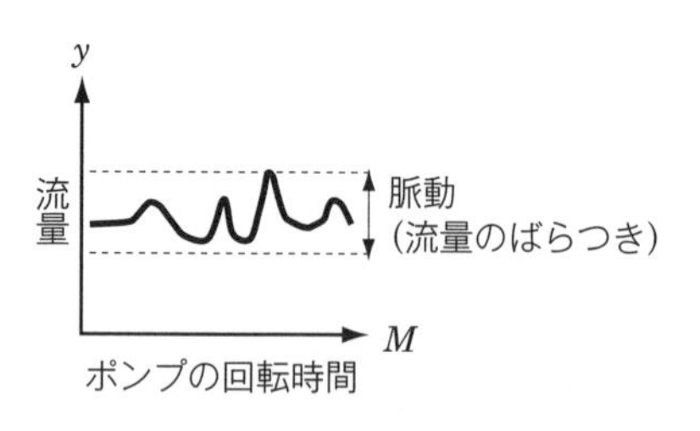

図3.12　流量ばらつきの評価

3.4 気体の搬送

空気や酸素，ガスなどの気体を搬送するシステムには，ファンやポンプ，コンプレッサなどがあり，それぞれ扇風機やエアコン，冷蔵庫などの身近な電化製品，酸素や麻酔用のガスを送る医療機器，海や川などの潜水作業に使われる機器など，幅広い分野の機械に搭載されている．ダクトやチューブ，バルブなどの搬送経路に当たる製品（部品）も含めて，気体搬送システムとしての機能を発揮しているケースが多い．携帯コンロなどに利用されるガスボンベや，ヘアスプレー，あるいは，扇子，うちわなども，気体搬送システムと考えられるが，公表されている研究事例がほとんど存在していないので，ここではファンやポンプによる気体搬送について紹介することとする．

3.4.1 気体搬送の入出力特性と SN 比，感度の計算

気体搬送システムに要求されている基本的な性能は，目的とする気体を必要な場所まで安定に搬送することである．したがって，出力 y は搬送された気体の量（風量）が一般的であるが，システムによっては風速や風圧などを特性値としているケースもある．

① 風量（体積，容積）

② 風速

特性値が風速の場合は，流れる方向も重要な要素になる．

一方，入力 M は搬送システムによって様々である．公表されている事例では下記①～④の特性値が入力 M として採用されている．

① ファン，ポンプなどの回転速度

② ファン，ポンプなどの回転時間

③ ファン，ポンプなどの消費電力（積算値）

④ バルブの開口面積（角度）

入出力の関係は，いずれのケースでも，入力 M に対する出力 y が，原点を通る直線 $y=\beta M$ であることが理想である（図 3.13）．入力の広い範囲で直線

性が維持され，感度は大きいほうがよい．

入力Mを3水準，誤差因子を2水準としたときのデータ形式を表3.4に示す．N_1, N_2は誤差因子である．

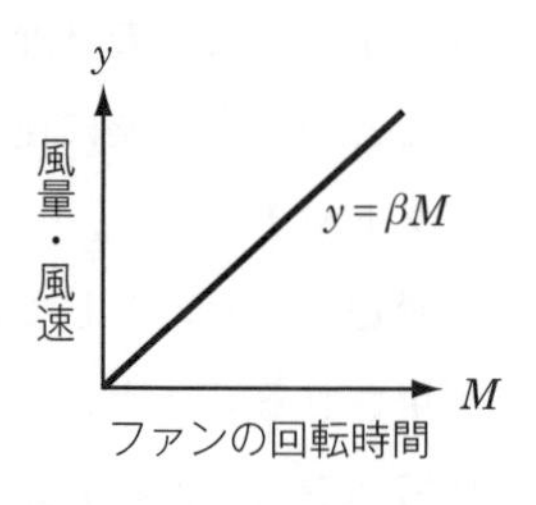

図 3.13 気体搬送の入出力関係

表 3.4 データ形式

	M_1	M_2	M_3
N_1	y_{11}	y_{12}	y_{13}
N_2	y_{21}	y_{22}	y_{23}

SN比ηと感度Sは，下記の手順で計算する．

有効序数 $r = M_1^2 + M_2^2 + M_3^2$

全変動 $S_T = y_{11}^2 + y_{12}^2 + y_{13}^2 + y_{21}^2 + y_{22}^2 + y_{23}^2$

線形式 $L_1 = M_1 y_{11} + M_2 y_{12} + M_3 y_{13}$ $L_2 = M_1 y_{21} + M_2 y_{22} + M_3 y_{23}$

比例項の変動 $S_\beta = \dfrac{(L_1 + L_2)^2}{2r}$

比例項の差の変動 $S_{N\times\beta} = \dfrac{(L_1 - L_2)^2}{2r}$

誤差変動 $S_e = S_T - S_\beta - S_{N\times\beta}$

誤差分散 $V_e = \dfrac{S_e}{f}$

プールした誤差分散 $V_N = \dfrac{S_T - S_\beta}{f}$

SN比 $\eta = 10\log\dfrac{(S_\beta - V_e)/2r}{V_N}$

感度 $S = 10\log\dfrac{S_\beta - V_e}{2r}$

SN比，感度ともに大きくなることが望ましい．

3.4.2　気体搬送の誤差因子

誤差因子は基本機能をばらつかせる要因であり，気体搬送では下記①〜⑤の誤差因子が利用されている．

① 外部環境：気温，湿度

② 装置の設置条件：設置場所の傾斜，遮蔽物（吸気口，排気口周辺）の有無など

③ 測定位置（風速や風量の計測場所）：ダクトの中心や周辺，吸排気口からの距離など

④ 時間的な変化：計測値の MAX，MIN

⑤ 貯蔵率（冷蔵庫など）：大〜小，貯蔵場所（位置）

重要と考えられる誤差因子を①〜⑤から選定し，調合（＋側最悪，－側最悪）するか，技術的な知見や知識がなく，調合できない場合には直交表に割り付けて実験する．なお，上記の因子には，誤差因子ではなく，標示因子として利用されたものも含まれている．

また，気体搬送システムの改善では，コンピュータシミュレーションによる研究が中心になってきており，この場合は流路形状やファン，ポンプの設計値など，制御因子の水準値を微小に変化させて，誤差因子とすることも多い．

3.4.3　気体搬送の特徴

空気などの気体の搬送では，搬送経路での気体漏れや，搬送量，風速の微小な変化（脈動）もシステムにとって重要である．漏れは搬送経路の密閉性の問題であり，脈動はファン，ポンプの性能（回転変動）や，流路における気体の流れ方が関係している．いずれの特性も，図 3.13 の入出力関係で評価可能と考えるが，特性値やその変化量が微小であるときには，主たる搬送機能とは分離して，静特性の SN 比（主に望小特性）で評価するケースもある（図 3.14）．

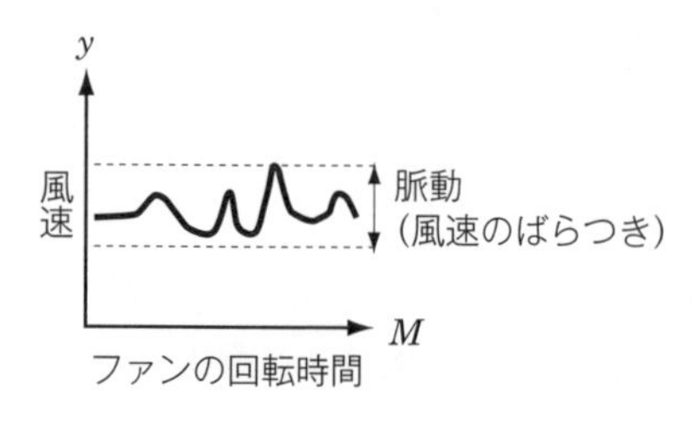

図 3.14　風速ばらつきの評価

3.5　粉体の搬送

トナーや小麦粉，セメント，薬品などの粉体を搬送するシステムの多くは，工場や製造現場に設置される大規模な生産設備である．搬送の形態は，粉の性質（粒子径，比重）によって様々であるが，代表的なものとしては，ベルトコンベヤやスクリュー，それと空気の流れによる搬送がある．掃除機は，空気の流れを利用した粉体搬送システムの代表である．また，粉体を貯蔵するタンク，搬送経路として必要な配管やチューブ，バルブ，スリットなども重要であり，それら全てを含めて搬送システムとしての機能を発揮している．

3.5.1　粉体搬送の入出力特性と SN 比，感度の計算

粉体搬送システムに要求されている基本的な性能は，目的とする粉体を必要な場所まで安定に搬送することである．したがって，出力 y は搬送された粉体の量（重量）が一般的であるが，システムによっては移動距離などを特性値とするケースもある．

①　搬送重量（回収量，落下量など）

②　搬送距離

一方，入力 M は搬送システムによって様々である．公表されている事例では下記①～⑤の特性値が入力 M として採用されている．

①　搬送時間（累積値）

②　搬送用モータ，ファンなどの消費電力

③　ベルトコンベヤの移動距離

④　搬送スクリューの回転量（回転数）

⑤　バルブやスリットの開口面積（角度）

いずれのケースでも，入力 M に対する出力 y が，原点を通る直線 $y=\beta M$ であることが理想であり（図 3.15），入力の広い範囲で直線性が維持され，感度は大きいほうがよい．

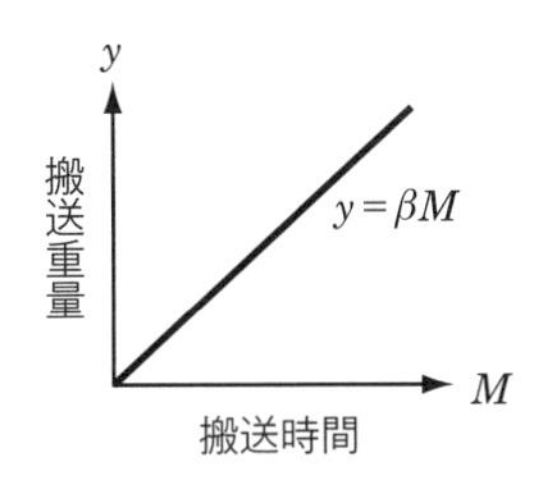

図 3.15　粉体搬送の入出力関係

また，入力 M をベルトコンベヤの移動距離，出力 y は粉体の搬送距離として評価するケースもある．この場合は，対象システムを転写機能で捉えて評価していることになる（図 3.16）．

いずれの場合でも，入力 M を 3 水準，誤差因子を 2 水準とすると，データ形式は表 3.5 になる．N_1, N_2 は誤差因子である．

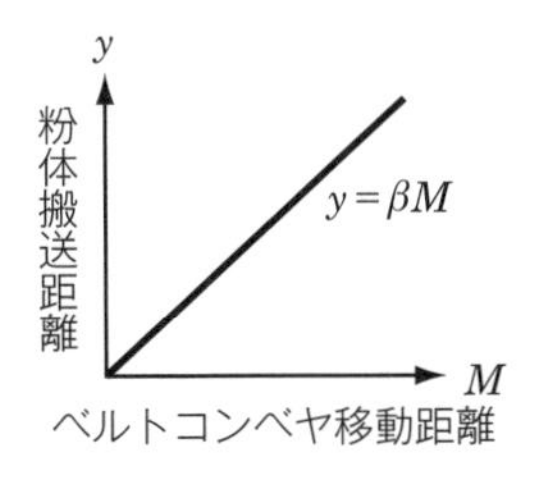

図 3.16　粉体搬送での転写機能

表 3.5　データ形式

	M_1	M_2	M_3
N_1	y_{11}	y_{12}	y_{13}
N_2	y_{21}	y_{22}	y_{23}

SN 比 η と感度 S は，下記の手順で計算する．

有効序数　$r=M_1{}^2+M_2{}^2+M_3{}^2$

全変動　$S_T=y_{11}{}^2+y_{12}{}^2+y_{13}{}^2+y_{21}{}^2+y_{22}{}^2+y_{23}{}^2$

線形式　$L_1 = M_1 y_{11} + M_2 y_{12} + M_3 y_{13}$　　$L_2 = M_1 y_{21} + M_2 y_{22} + M_3 y_{23}$

比例項の変動　$S_\beta = \dfrac{(L_1 + L_2)^2}{2r}$

比例項の差の変動　$S_{N\times\beta} = \dfrac{(L_1 - L_2)^2}{2r}$

誤差変動　$S_e = S_T - S_\beta - S_{N\times\beta}$

誤差分散　$V_e = \dfrac{S_e}{f}$

プールした誤差分散　$V_N = \dfrac{S_T - S_\beta}{f}$

SN 比　$\eta = 10\log\dfrac{(S_\beta - V_e)/2r}{V_N}$

感度　$S = 10\log\dfrac{S_\beta - V_e}{2r}$

SN 比，感度ともに大きくなることが望ましい．

3.5.2　粉体搬送の誤差因子

誤差因子は基本機能をばらつかせる要因であり，粉体搬送では下記①～⑥の誤差因子が利用されている．

① 外部環境（搬送時）：気温，湿度

② 装置の設定値：配管の寸法，スクリュー回転数，風速などのばらつき(公差)

③ 装置の使用条件：粉体の供給速度（供給量)，装置床面の傾斜，振動など

④ 時間的な変化：計測値の MAX，MIN

⑤ 粉体の種類：粒子径（大～小)，形状（球形度など)，流動物性（安息角，ゆるみ見かけ比重など)

⑥ 粉体の保管環境：保管時間，貯蔵タンク内の量（満杯～少量)

重要と考えられる誤差因子を①～⑥から選定し，調合（＋側最悪，－側最悪）するか，技術的な知見や知識がなく，調合できない場合には直交表に割り付けて実験する．なお，上記の因子には，誤差因子ではなく，標示因子として利用されたものも含まれている．

3.5.3　粉体搬送の特徴

粉体の搬送では，搬送量以外に，搬送中に発生する様々な現象も重要な評価特性となる．下記に紹介する①～③はその代表的なものである．

① 凝集物の発生：貯蔵タンクや搬送経路において，粉体が外力を受けることで発生する．

② 搬送経路（壁面など）への付着：粘着性のある粉体や，粒径の小さい粉体で発生しやすい．

③ 異物の混入：外気を利用するエア搬送システムで発生しやすい．

いずれの現象も図 3.15 の入出力関係では評価が困難な上に，発生すると市場でのクレームや，粉塵爆発などの大事故につながる可能性もあるので，主たる搬送機能とは分離して評価することが多い．

3.6　情報・データの搬送

パソコンやカメラ，携帯電話に保管されている情報やデータは，それらを電気信号に変換した後，無線 LAN 等の通信システムによって，他のパソコンやプリンタに送信（搬送）することが可能であるが，このとき，通信システムには下記の二つの性能が要求される．

① 搬送の正確性（情報を正確に搬送）

② 搬送の効率（情報を短時間に搬送）

搬送の正確性は，送信側の情報をオリジナル（原型），受信側の情報をコピー（複製）と見て，転写機能として評価される．一方の搬送の効率評価では，紙や液体の搬送と同じように，搬送機能としての評価が可能である．システム図は図3.17のように表される.

転写機能については既に紹介済みなので，ここでは，通信システムを搬送機能として捉えた場合の入出力の定義や評価方法について紹介する.

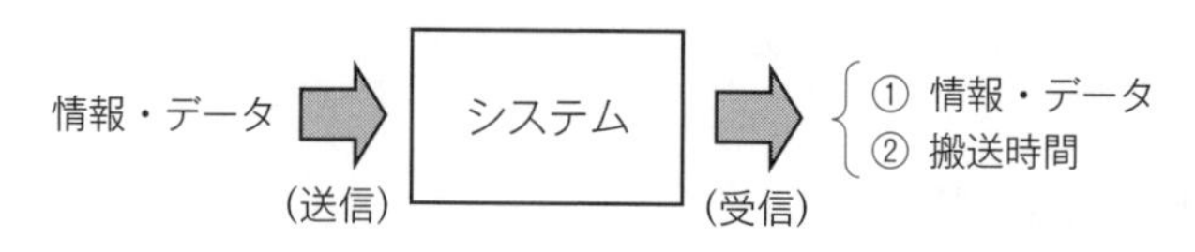

図3.17　情報・データ通信システムのシステム図

3.6.1　データ搬送の入出力特性とSN比，感度の計算

データ搬送の機能としては短時間で素早く搬送することを評価する．したがって，入力Mは搬送対象となるデータの量，出力yは搬送に必要な時間と定義できる.

入力Mと出力yの関係は，原点を通る直線$y=\beta M$が理想であり，入力の広い範囲で直線性が維持され，感度βは，搬送効率を考えれば小さいほうがよい（図3.18).

また，評価実験の方法によっては，入出力を逆にして，搬送時間を入力M，搬送されたデータ量を出力yとしてもよい．このケースでは感度βは大きいほうがよい（図3.19).

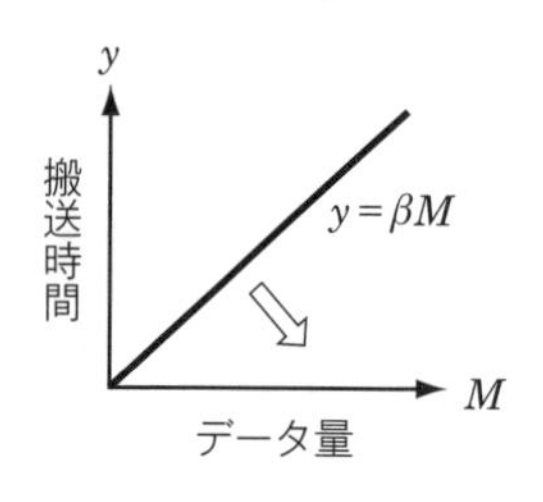

図3.18　通信システムの入出力関係(1)

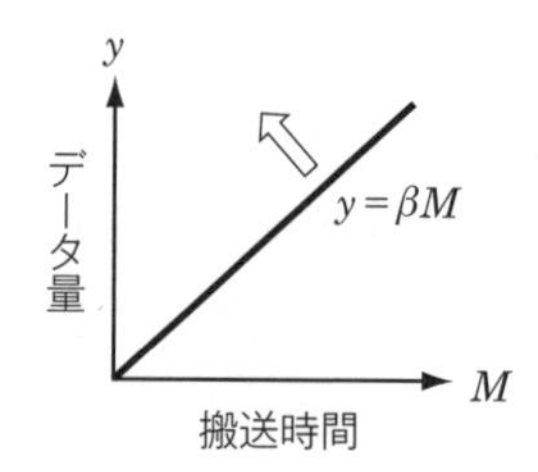

図3.19　通信システムの入出力関係(2)

入力Mを3水準，誤差因子を2水準としたときのデータ形式を表3.6に示す．N_1, N_2は誤差因子である.

表 3.6　データ形式

	M_1	M_2	M_3
N_1	y_{11}	y_{12}	y_{13}
N_2	y_{21}	y_{22}	y_{23}

SN 比 η と感度 S は，下記の手順で計算する．

有効序数　$r=M_1^{\ 2}+M_2^{\ 2}+M_3^{\ 2}$

全変動　$S_T=y_{11}^{\ 2}+y_{12}^{\ 2}+y_{13}^{\ 2}+y_{21}^{\ 2}+y_{22}^{\ 2}+y_{23}^{\ 2}$

線形式　$L_1=M_1y_{11}+M_2y_{12}+M_3y_{13}$　　$L_2=M_1y_{21}+M_2y_{22}+M_3y_{23}$

比例項の変動　$S_\beta=\dfrac{(L_1+L_2)^2}{2r}$

比例項の差の変動　$S_{N\times\beta}=\dfrac{(L_1-L_2)^2}{2r}$

誤差変動　$S_e=S_T-S_\beta-S_{N\times\beta}$

誤差分散　$V_e=\dfrac{S_e}{f}$

プールした誤差分散　$V_N=\dfrac{S_T-S_\beta}{f}$

SN 比　$\eta=10\log\dfrac{(S_\beta-V_e)/2r}{V_N}$

感度　$S=10\log\dfrac{S_\beta-V_e}{2r}$

SN 比，感度ともに大きくなることが望ましい．

3.6.2　データ搬送の誤差因子

誤差因子は基本機能をばらつかせる要因であり，データ搬送では下記①～④の誤差因子が利用されている．

①　稼働時（情報搬送時）の外部環境：気温，湿度

②　通信の方向：ダウンロード，アップロードなど

③　装置の使用条件：電源電圧の変動，振動，妨害波など

④　装置の劣化：使用時間，落下等の衝撃，ヒートサイクルなど

重要と考えられる誤差因子を①～④から選定し，調合（＋側最悪，－側最悪）するか，技術的な知見や知識がなく，調合できない場合には直交表に割り付けて実験する．なお，上記の因子には，誤差因子ではなく，標示因子として利用されたものも含まれている．

3.7　その他の搬送システム

人の移動を楽に，流れをスムーズにするため，駅やビル，商業施設に設置されているエレベータやエスカレータ，部品や商品を搬送するために，生産工場や物流倉庫などに設置されているベルトコンベヤなどの性能も搬送機能を評価することで，その性能が判断できる．これらのシステムでは出力 y として下記①～③が一般的である．

①　搬送時間

②　搬送距離

③　ベルト，チェーンの進み量

一方の入力 M は，システムによって様々であるが，主なものは下記①～③である．

①　駆動用モータの回転速度

②　搬送ベルト，コンベヤの駆動時間

③　駆動ローラ，キャスターの回転量（距離）

入力 M と出力 y の関係は，原点を通る直線 $y=\beta M$ が理想であり，入力の広い範囲で直線性が維持されることが望ましい．感度 β は，採用した入出力特性によって，大きいほうがよい場合と，小さいほうがよい場合がある．それぞれのケースでの入出力の関係を図 3.20，図 3.21 に示す．

入力 M を 3 水準，誤差因子を 2 水準としたときのデータ形式を表 3.7 に示す．N_1, N_2 は誤差因子である．

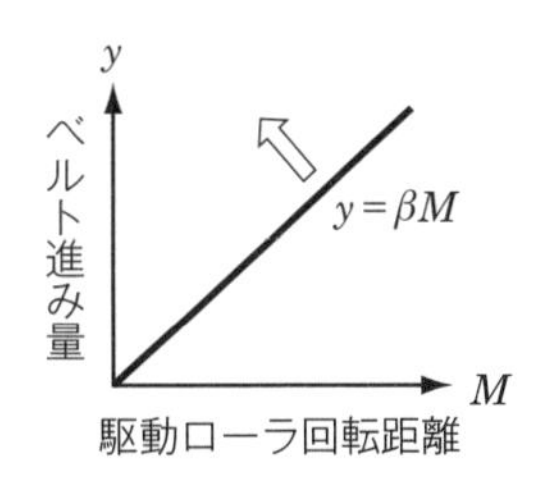

図 3.20　入出力関係(1)

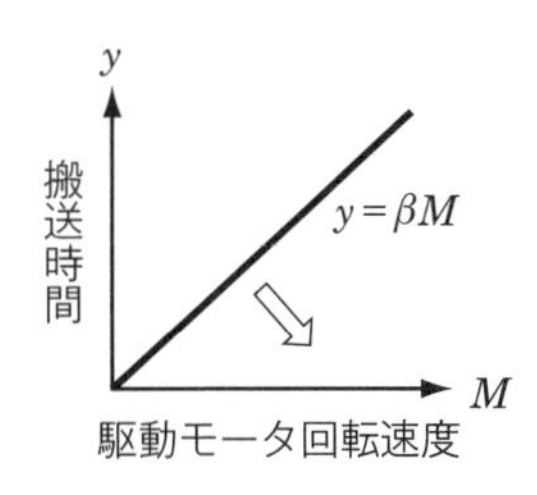

図 3.21　入出力関係(2)

表 3.7　データ形式

	M_1	M_2	M_3
N_1	y_{11}	y_{12}	y_{13}
N_2	y_{21}	y_{22}	y_{23}

SN 比 η と感度 S は，下記の手順で計算する．

有効序数　$r={M_1}^2+{M_2}^2+{M_3}^2$

全変動　$S_T={y_{11}}^2+{y_{12}}^2+{y_{13}}^2+{y_{21}}^2+{y_{22}}^2+{y_{23}}^2$

線形式　$L_1=M_1y_{11}+M_2y_{12}+M_3y_{13}$　　$L_2=M_1y_{21}+M_2y_{22}+M_3y_{23}$

比例項の変動　$S_\beta=\dfrac{(L_1+L_2)^2}{2r}$

比例項の差の変動　$S_{N\times\beta}=\dfrac{(L_1-L_2)^2}{2r}$

誤差変動　$S_e=S_T-S_\beta-S_{N\times\beta}$

誤差分散　$V_e=\dfrac{S_e}{f}$

プールした誤差分散　$V_N=\dfrac{S_T-S_\beta}{f}$

SN 比　$\eta=10\log\dfrac{(S_\beta-V_e)/2r}{V_N}$

感度　$S=10\log\dfrac{S_\beta-V_e}{2r}$

SN比，感度ともに大きくなることが望ましい．

誤差因子は基本機能をばらつかせる要因であり，下記①～④の誤差因子が利用されている．なお，下記の因子には，誤差因子ではなく，標示因子として利用されたものも含まれている．

① 外部環境：気温，湿度

② 搬送物の状態：人数，重量，形態（荷姿，乗せる位置など）

③ 装置の使用条件：搬送速度，使用モード（連続，間欠など）

④ 装置の劣化：経時変化（年数），ベルトやローラの物性値変化など

重要と考えられる誤差因子を①～④から選定し，調合（＋側最悪，－側最悪）するか，技術的な知見や知識がなく，調合できない場合には直交表に割り付けて実験する．

第4章　通電機能

4.1　通電機能とは

通電機能は，システムに電流を流す機能である．直流，交流にかかわらず，システムに電流が流れると，その値に応じて電圧が発生する．電気エネルギーを入力とする，全ての製品やシステムがその対象となる．システム図では図4.1のように表される．一般的には電流－電圧特性と呼ばれ，オームの法則が基本原理である．

図 4.1　通電機能のシステム図

オームの法則とは，図 4.2 のように，システムに電流 I が流れたときの電圧 V と抵抗 R の関係を定義したもので，理想的な状態では，$V=I\times R$ の計算式が成り立つ．電流値を入力 M，電圧値を出力 y とすると，図 4.3 の入出力関係で表現され，傾き β は抵抗値 R である．これが，通電機能の基本的な入出力関係となる．

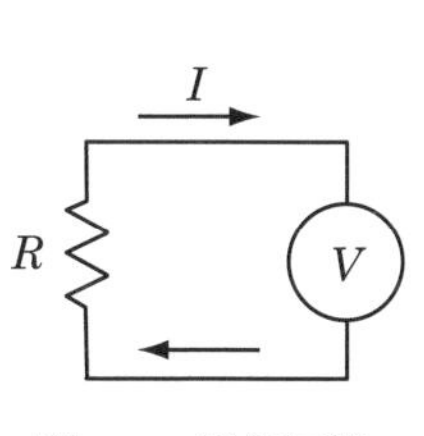

図 4.2　電気回路

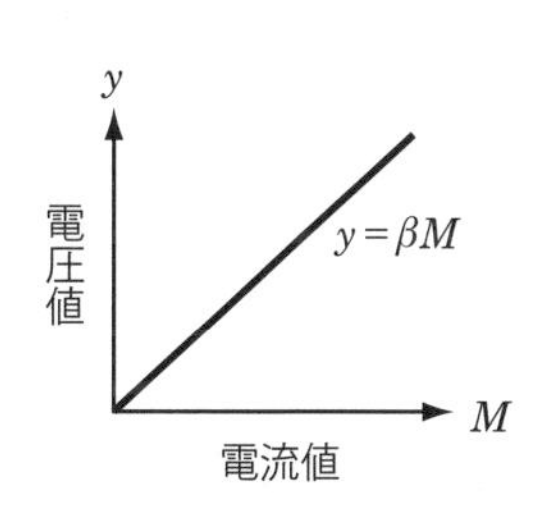

図 4.3　電流－電圧特性

通電機能によって評価されるシステムは，電子部品や電気回路が大半を占めているが，これまでに公表されている研究事例を調べると，はんだ付けや溶接などの締結技術，導電性薄膜材料の製造技術，絶縁性材料の評価などに活用された事例もあり，その活用分野は広範囲に及んでいる．具体的には下記①～④の技術分野や製品で適用されている．

① 電気回路（パターン）の形成技術（エッチング，フォトリソグラフィ，各種の電極印刷技術など）
② 電気・電子部品の評価（回路素子，各種のセンサなど）
③ 締結技術（かしめ，溶接，はんだ付け，ボルト締め，接着など）
④ 材料の評価（導電性薄膜，金属ベルト，導電性樹脂，絶縁材料など）

いずれのケースでも入出力の関係は図4.3を基本としているが，評価方法やシステムの目的によっては，入出力が逆のケースもある．それぞれのケースでの誤差因子や標示因子，具体的な活用方法とポイントについて，次節より順次紹介する．

4.2　電気回路の形成技術

電気回路の形成には，エッチングやフォトリソグラフィ，各種の印刷技術が活用されているが，回路の集積度向上とともに，線幅はより細く，複雑な形状を要求されてきた．その結果，現在では光の波長に匹敵するナノメートル単位の線幅で回路を形成するシステムが実現している．そして，それとともに重要な技術が，形成された電気回路の出来栄えを精度よく評価する技術である．線幅や形状のばらつきは，製品の性能に直接影響する．微細で複雑な電気回路に対して，精度よく，短時間で評価する技術が必要となるが，従来の方法は，形成された線（回路）の画像から線幅や長さを計測するか，導通試験による評価が一般的であった．画像による評価では，既に紹介した転写機能を利用できるが，電気回路の微細な欠陥（ピンホール，亀裂など）まで調べるには，評価時間と精度が問題になる．また，導通試験では良品，不良品の判断（検査）はできるが，回路の出来栄えを精度よく，定量的に評価することは難しい．そこで，電気回路本来の機能である，電流—電圧特性による評価が提案された．電気回路に流れる電流の値 I は，回路の線幅 T と，印加する電圧の値 V に比例することが理想なので，その関係は下記の式で表される．

$$I=\beta\times T\times V \tag{4.1}$$

ただし，線の厚みは一定と考えている．評価手順は，線幅の異なる回路 T_1 ～ T_3 を準備し，各線幅の回路で電圧を変化させて，電流－電圧特性を計測すればよい（図 4.4）．計測結果をグラフにすると，図 4.5 になる．

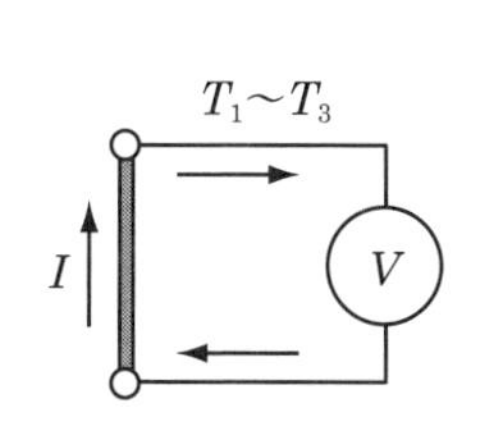

図 4.4　電気回路の評価

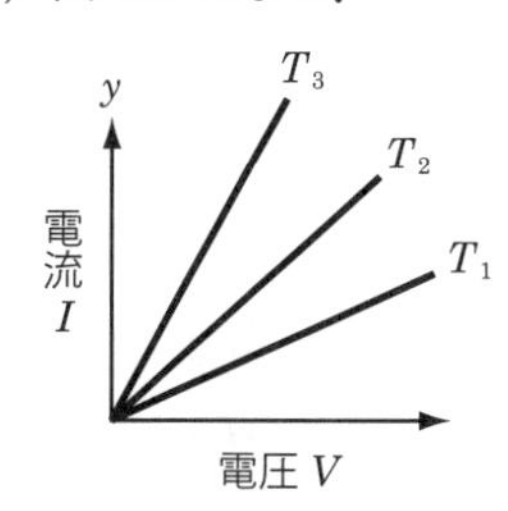

図 4.5　計測結果

4.2.1　電気回路の入出力特性と SN 比，感度の計算

式(4.1)より，電気回路の形成技術では，入力を二つ（T, V）設定した評価になるが，$T\times V$ の値を入力 M として扱うことで，電気回路の入出力関係は，図 4.6 のように原点を通る直線になる．

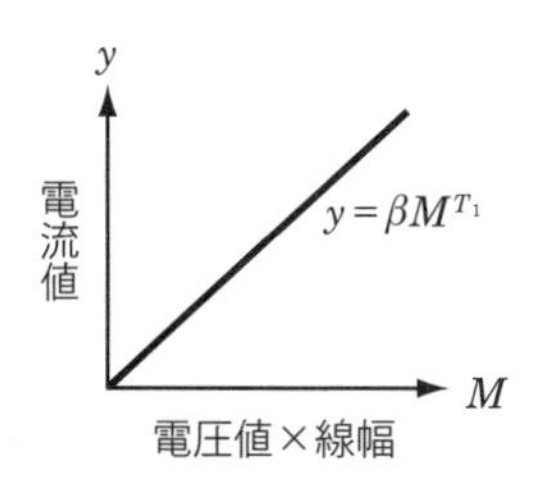

図 4.6　電気回路の入出力関係

データの形式は，線幅 T を 3 水準，電圧 V を 3 水準として，誤差因子 N を 2 水準とした場合，表 4.1 のようになる．

表 4.1 データ形式

	T_1			T_2			T_3		
	V_1 (M_1)	V_2 (M_2)	V_3 (M_3)	V_1 (M_4)	V_2 (M_5)	V_3 (M_6)	V_1 (M_7)	V_2 (M_8)	V_3 (M_9)
N_1	y_{11}	y_{12}	y_{13}	y_{14}	y_{15}	y_{16}	y_{17}	y_{18}	y_{19}
N_2	y_{21}	y_{22}	y_{23}	y_{24}	y_{25}	y_{26}	y_{27}	y_{28}	y_{29}

表 4.1 のデータから，SN 比 η と感度 S を計算する手順を説明する．二つの入力 T と V を掛け算した値を，計算上の入力 M とし，$T_1 \times V_1$ を M_1，$T_1 \times V_2$ を M_2 とすると，入力 M の水準は，$M_1 \sim M_9$ の 9 水準となる．

有効序数　$r = M_1^2 + M_2^2 + M_3^2 + \cdots + M_8^2 + M_9^2$

全変動　$S_T = y_{11}^2 + y_{12}^2 + y_{13}^2 + \cdots + y_{28}^2 + y_{29}^2$

線形式　$L_1 = M_1 y_{11} + M_2 y_{12} + M_3 y_{13} + \cdots + M_8 y_{18} + M_9 y_{19}$

$L_2 = M_1 y_{21} + M_2 y_{22} + M_3 y_{23} + \cdots + M_8 y_{28} + M_9 y_{29}$

比例項の変動　$S_\beta = \dfrac{(L_1 + L_2)^2}{2r}$

比例項の差の変動　$S_{N \times \beta} = \dfrac{(L_1 - L_2)^2}{2r}$

誤差変動　$S_e = S_T - S_\beta - S_{N \times \beta}$

誤差分散　$V_e = \dfrac{S_e}{f}$

プールした誤差分散　$V_N = \dfrac{S_T - S_\beta}{f}$

SN 比　$\eta = 10 \log \dfrac{(S_\beta - V_e)/2r}{V_N}$

感度　$S = 10 \log \dfrac{S_\beta - V_e}{2r}$

上記の式で計算される SN 比は電気回路の抵抗値の安定性，感度は抵抗値（逆数）である．通電機能で評価するシステムでは，両方とも重要であり，SN

比は大きな値になることが望ましく，感度は目標値に調整することが多い．目標とする抵抗値への調整には，SN 比への影響が小さく，感度のみ変化する制御因子を調整用の因子として利用することが理想である．

4.2.2　電気回路の誤差因子

誤差因子は基本機能をばらつかせる要因であり，電気回路の形成技術では下記①～⑥の誤差因子が利用されている．

① 基板上の回路の位置：基板の表側，裏側，左，右，中央，端，隅など

② 回路（基板）の保管環境：温度，湿度，保管時間，保管方法など

③ 製造条件の変化：製造装置の設定ばらつき，製造環境，製造速度など

④ 回路の劣化：通電劣化，引張，曲げ，振動などの負荷試験，熱劣化（ヒートサイクル），光劣化など

⑤ 流す電流の種類：直流，交流，周波数の違いなど

⑥ 材料の種類：基板の種類，回路用材料の物性値，材料の配合比率など

重要と考えられる誤差因子を①～⑥から選定し，調合（＋側最悪，－側最悪）するか，技術的な知見や知識がなく，調合できない場合には直交表に割り付けて実験する．なお，上記の因子には，誤差因子ではなく，標示因子として利用されたものも含まれている．

4.2.3　電気回路評価の特徴

通電機能による電気回路の評価では，電流値，電圧値の計測精度が重要になる．基板上に形成された回路の微小な抵抗値変化（線幅や，厚みなどの変化）を評価するためには，電流計，電圧計などの計測器の精度はもとより，計測時の接点を接触抵抗が小さくなるように確保することや，温湿度などの外部環境にも注意を払わなければならない．

また，計測器の精度や計測環境が十分に確保できない場合には，誤差因子の条件を厳しくして，誤差条件間（N_1, N_2）の差を大きくすることも有効な手段である．

4.3 電気・電子部品の評価

通電機能による電気・電子部品の評価研究は，抵抗器やコンデンサ，MOS FET などの半導体素子，フィルタ回路や増幅回路などの事例が公表されているが，ここでは最も代表的な事例として，抵抗器と CdS 素子の評価について説明する．

4.3.1 抵抗器の評価

抵抗器は，電気回路を構成する部品として最も一般的な素子の一つである．回路の設計上，様々な抵抗器が存在するが，種類としては抵抗値が固定の固定抵抗器と，抵抗値を自由に変えられる可変抵抗器の2種類に分けられる．製造方法や使用する材料によって，様々な値の抵抗器が作られているが，いずれの抵抗器も電流 I が流れることによって，電圧 V が発生する特性を利用している．その関係を図 4.7 に示す．グラフの傾きが抵抗値 R であり，電流－電圧特性（通電機能）の評価が適用できる．

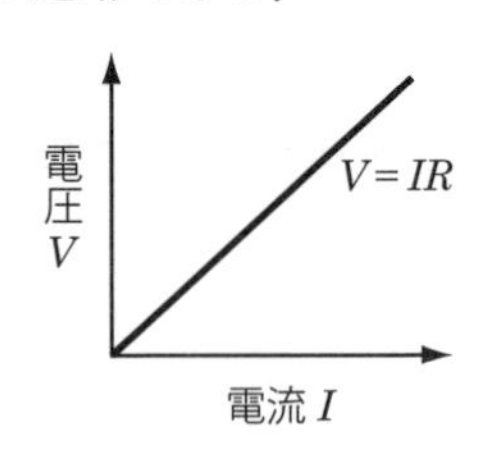

図 4.7 抵抗器の特性

一般的な抵抗器の評価では，定格電流（標準的な使用条件）での電圧値から抵抗値を求めて判断しているが，抵抗器の微小な欠陥や，環境条件による抵抗値の変化を正確に判断するためには，電流の範囲を拡大し，更に誤差因子を与えて，図 4.7 の直線性を評価することが重要である．

(1) 抵抗器評価の入出力特性と SN 比，感度の計算

抵抗器に電流を流し，発生する電圧値を計測する．入力電流 M に対する出力電圧 y は，図 4.8 のように，原点を通る直線が理想である．

入力 M を 3 水準，誤差因子 N を 2 水準とした場合のデータ形式を表 4.2 に示す．

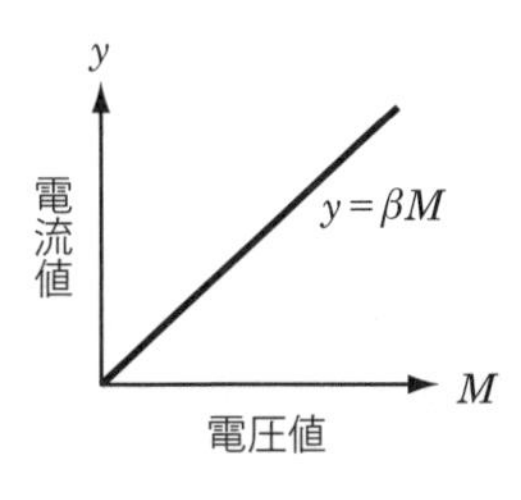

図 4.8　抵抗器の入出力関係

表 4.2　データ形式

	M_1	M_2	M_3
N_1	y_{11}	y_{12}	y_{13}
N_2	y_{21}	y_{22}	y_{23}

SN 比 η と感度 S は，下記の手順で計算する．

有効序数　$r = {M_1}^2 + {M_2}^2 + {M_3}^2$

全変動　$S_T = {y_{11}}^2 + {y_{12}}^2 + {y_{13}}^2 + {y_{21}}^2 + {y_{22}}^2 + {y_{23}}^2$

線形式　$L_1 = M_1 y_{11} + M_2 y_{12} + M_3 y_{13}$　　$L_2 = M_1 y_{21} + M_2 y_{22} + M_3 y_{23}$

比例項の変動　$S_\beta = \dfrac{(L_1 + L_2)^2}{2r}$

比例項の差の変動　$S_{N\times\beta} = \dfrac{(L_1 - L_2)^2}{2r}$

誤差変動　$S_e = S_T - S_\beta - S_{N\times\beta}$

誤差分散　$V_e = \dfrac{S_e}{f}$

プールした誤差分散　$V_N = \dfrac{S_T - S_\beta}{f}$

SN 比　$\eta = 10 \log \dfrac{(S_\beta - V_e)/2r}{V_N}$

感度　$S = 10 \log \dfrac{S_\beta - V_e}{2r}$

SN 比は，大きい値となることが望ましく，感度 S は抵抗の値なので，目標値に調整する．

(2)　抵抗器評価の誤差因子

誤差因子は，抵抗値を変化させる要因であり，抵抗器の製造条件や使用環境などから抽出する．主な誤差因子として，下記のものがある．

① 製造工程の条件：製造設備の条件，製造環境の変化，ロット間のばらつきなど

② 抵抗器の劣化：通電劣化，ヒートサイクル，振動，曲げ試験など

③ 使用条件：環境（気温，湿度），長期の保管など

重要と考えられる誤差因子を選定し，調合（＋側最悪，－側最悪）するか，技術的な知見や知識がなく，調合できない場合には直交表に割り付けて実験する．なお，上記の因子には，誤差因子ではなく，標示因子として利用されたものも含まれている．

4.3.2　CdS 素子の評価

CdS 素子は，光量によって抵抗値が変化する硫化カドミウム（CdS）の特性を利用した，スイッチング用の電子部品である．CdS は，光量が大きく明るいときには抵抗値が下がり，光量の小さい暗いときには抵抗値が上昇する．光量と抵抗値の関係を図 4.9 に示す．光が照射されている明るい状態 P_1 では，抵抗値が低いので電流が流れやすく，逆に光が遮断された P_2 のときには，高抵抗となって電流が流れにくい．この特性を利用して，光センサやスイッチング素子として，様々なシステムに搭載されている．

光センサとしての CdS 素子に求められる性能は，光量 P_1，P_2 における抵抗

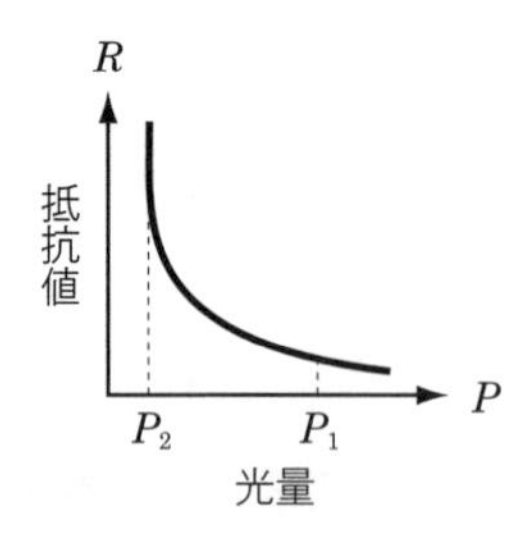

図 4.9　CdS 素子の入出力関係

値の安定性であり，電流−電圧特性（通電機能）での評価が適用できる．

(1)　CdS 素子の入出力関係と SN 比，感度の計算

CdS 素子に印加する電圧値を入力 M とし，光量 P_1, P_2 での電流値を y とすると，入出力関係は図 4.10 のように，原点を通る直線を理想と定義できる．

データの形式は，光量 P を 2 水準，電圧 M を 3 水準として，誤差因子 N を 2 水準とした場合，表 4.3 のようになる．

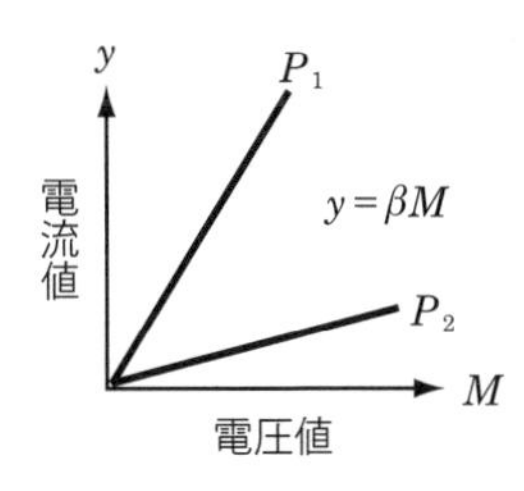

図 4.10　CdS 素子の入出力関係

表 4.3　データ形式

	P_1			P_2		
	M_1	M_2	M_3	M_4	M_5	M_6
N_1	y_{11}	y_{12}	y_{13}	y_{14}	y_{15}	y_{16}
N_2	y_{21}	y_{22}	y_{23}	y_{24}	y_{25}	y_{26}

SN 比 η と感度 S は, 光量 P_1, P_2 を標示因子として, 下記の手順で計算する.

有効序数　$r_1 = M_1^2 + M_2^2 + M_3^2$　　$r_2 = M_4^2 + M_5^2 + M_6^2$

全変動　$S_T = y_{11}^2 + y_{12}^2 + y_{13}^2 + y_{21}^2 + y_{22}^2 + y_{23}^2 + y_{14}^2 + y_{15}^2 + y_{16}^2 + y_{24}^2 + y_{25}^2 + y_{26}^2$

線形式　$L_1 = M_1 y_{11} + M_2 y_{12} + M_3 y_{13}$　　$L_2 = M_1 y_{21} + M_2 y_{22} + M_3 y_{23}$

$L_3 = M_4 y_{14} + M_5 y_{15} + M_6 y_{16}$　　$L_4 = M_4 y_{24} + M_5 y_{25} + M_6 y_{26}$

比例項の変動　$S_\beta = \dfrac{(L_1 + L_2 + L_3 + L_4)^2}{2(r_1 + r_2)}$

比例項の差の変動　$S_{N\times\beta} = \dfrac{(L_1 + L_3)^2}{r_1 + r_2} + \dfrac{(L_2 + L_4)^2}{r_1 + r_2} - S_\beta$

$$S_{P\times\beta} = \frac{(L_1 + L_2)^2}{2r_1} + \frac{(L_3 + L_4)^2}{2r_2} - S_\beta$$

……光量による β の変動

誤差変動　$S_e = S_T - S_\beta - S_{N\times\beta} - S_{P\times\beta}$

誤差分散　$V_e = \dfrac{S_e}{f}$

プールした誤差分散　$V_N=\frac{S_T-S_\beta-S_{P\times\beta}}{f}$　［光量によるβの変動は，ばらつき(V_N)としない．］

SN 比　$\eta=10\log\frac{(S_\beta-V_e)/2(r_1+r_2)}{V_N}$

感度　$S=10\log\frac{S_\beta-V_e}{2(r_1+r_2)}$

SN 比は安定性の評価指標として，大きい値となることが望ましく，感度Sは抵抗の値なので目標値に調整する．このケースでは，光量P_1, P_2ごとの感度（抵抗値）を計算して調整する．

(2)　CdS 素子の誤差因子

誤差因子Nとしては，下記のものがある．

①　使用環境条件：気温，湿度

②　劣化：通電劣化，ヒートサイクル，光疲労など

③　使用条件：光源の種類，光源と CdS 素子の位置関係，振動，外乱光の有無など

重要と考えられる誤差因子を選定し，調合（＋側最悪，－側最悪）するか，技術的な知見や知識がなく，調合できない場合には直交表に割り付けて実験する．上記の因子には，誤差因子ではなく，標示因子として利用されたものも含まれている．

また，CdS 素子については，図 4.9 の光量と抵抗値の関係を評価することも提案されている．その場合は，入出力特性が直線を理想としないので，標準 SN 比を適用することになる．SN 比の進化とともに，基本機能も進化する．

4.4　接 合 技 術

通常，接合技術の評価では，引張試験や曲げ試験による接合強度を計測するのが一般的であるが，これらは破壊試験なので製品での評価は難しく，測定値のばらつきも大きい．接合部分（材料）に導電性があるときには，通電機能に

よる評価が有効である．通電機能で評価可能な接合技術としてはんだ付け，かしめ技術での活用事例を紹介する．

4.4.1　はんだ付けの評価

はんだ付けは，基板上に部品や素子を固定する技術である（図 4.11）．素子と基板の間に，はんだ（着色部）を介在させて固定している．評価方法は，導通試験とともに，はんだの形状を目視で判断し，ブリッジや未はんだなどの不良を見つけることが一般的である．

しかし，はんだ付けの目的は，素子と基板（配線）をはんだで締結して電流を流すこと，導電性を確保するためである（図 4.12）．したがって，素子と基板間の電流－電圧特性を評価することが，はんだ付け技術に求められる機能を評価することになる．

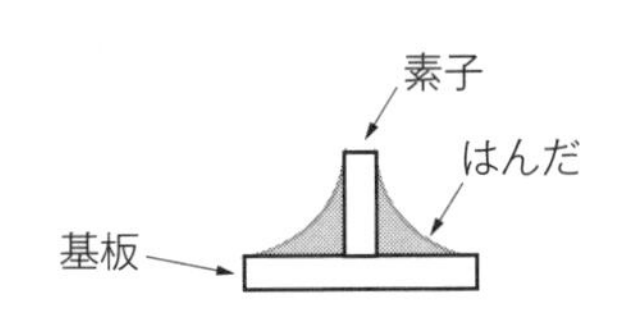

図 4.11　はんだ付けの断面図

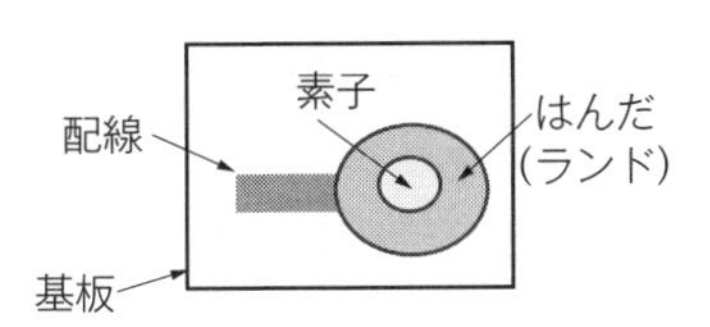

図 4.12　はんだ付けの上面図

(1)　はんだ付け評価の入出力特性と SN 比，感度の計算

はんだ付けされた素子と基板（回路）に流れる電流値は，印加する電圧値 V と，はんだの面積 S に比例する．はんだの面積とは，図 4.11，図 4.12 のグレー部分の面積である．面積の計測が難しい場合は，はんだ付けしているランドの面積でもよい．いずれのケースでも，電気回路（パターン）と同様に，入力を二つ設定した評価になる．

データの形式は，面積 S を 3 水準，電圧 V を 3 水準，誤差因子 N を 2 水準にすると，表 4.4 になる．また，入出力の関係は，電流値 I を y，二つの入力の積（$S\times V$）を入力 M とすると，図 4.13 のように原点を通る直線が理想である．

SN 比 η と感度 S は，二つの入力 S と V を掛け算した値を入力 M として計

表 4.4　データ形式

	S_1			S_2			S_3		
	V_1 (M_1)	V_2 (M_2)	V_3 (M_3)	V_1 (M_4)	V_2 (M_5)	V_3 (M_6)	V_1 (M_7)	V_2 (M_8)	V_3 (M_9)
N_1	y_{11}	y_{12}	y_{13}	y_{14}	y_{15}	y_{16}	y_{17}	y_{18}	y_{19}
N_2	y_{21}	y_{22}	y_{23}	y_{24}	y_{25}	y_{26}	y_{27}	y_{28}	y_{29}

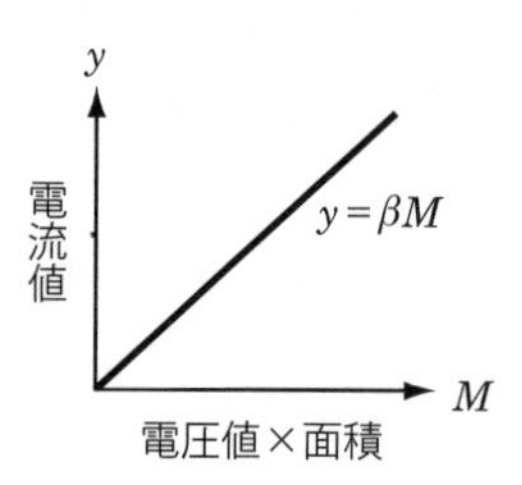

図 4.13　はんだ付けの入出力関係

算する．$S_1 \times V_1$ を M_1，$S_1 \times V_2$ を M_2 とすると，入力 M の水準は，$M_1 \sim M_9$ の9水準となる．

有効序数　$r = {M_1}^2 + {M_2}^2 + {M_3}^2 + \cdots + {M_8}^2 + {M_9}^2$

全変動　$S_T = {y_{11}}^2 + {y_{12}}^2 + {y_{13}}^2 + \cdots + {y_{28}}^2 + {y_{29}}^2$

線形式　$L_1 = M_1 y_{11} + M_2 y_{12} + M_3 y_{13} + \cdots + M_8 y_{18} + M_9 y_{19}$

$L_2 = M_1 y_{21} + M_2 y_{22} + M_3 y_{23} + \cdots + M_8 y_{28} + M_9 y_{29}$

比例項の変動　$S_\beta = \dfrac{(L_1 + L_2)^2}{2r}$

比例項の差の変動　$S_{N\times\beta} = \dfrac{(L_1 - L_2)^2}{2r}$

誤差変動　$S_e = S_T - S_\beta - S_{N\times\beta}$

誤差分散　$V_e = \dfrac{S_e}{f}$

プールした誤差分散　$V_N = \dfrac{S_T - S_\beta}{f}$

SN 比　$\eta=10\log\frac{(S_\beta-V_e)/2r}{V_N}$

感度　$S=10\log\frac{S_\beta-V_e}{2r}$

上記の式で計算される SN 比は，はんだ付けの安定性の指標であり，感度は抵抗値（逆数）である．SN 比，感度ともに大きな値になることが望ましい．

(2)　はんだ付け評価の誤差因子

誤差因子は，はんだ付けの性能をばらつかせる要因であり，はんだ付け工程(装置）と，使用条件から抽出するのが望ましい．主な誤差因子として，下記のものがある．

① はんだ付け工程の条件：リフロー温度，速度，基板の位置，素子の種類，素子の間隔など

② はんだ付けの劣化：通電劣化，ヒートサイクル，振動，曲げ試験など

③ 使用条件：環境（気温，湿度），長期の保管，ガスの影響など

重要と考えられる誤差因子を選定し，調合（＋側最悪，－側最悪）するか，技術的な知見や知識がなく，調合できない場合には直交表に割り付けて実験する．なお，上記の因子には，誤差因子ではなく，標示因子として利用されたものも含まれている．

(3)　はんだ付け評価の特徴

電気回路評価と同様に，電流値の微小な変化を捉える必要があるため，計測方法や計測器の精度が求められる．また，はんだ付けでは通電機能とともに，素子と基板の接合強度も必要である．そこで，接合面に外力が加わる振動や曲げなどの誤差因子を積極的に導入し，接合強度の変化（切れる，剥離するなど）が，通電機能（電流－電圧特性）に現れるように，工夫することが重要である．

4.4.2　かしめ技術の評価

かしめ技術とは，被加工物を変形させて，複数個の部品を締結する技術であ

る．一般的なかしめの工程を図4.14に示す．部品A, Bを組み合わせた後，部品Aの上部をプレスで塑性変形し，部品Bに固定（締結）する．かしめた後に，抜け荷重などを計測して，締結の状態を評価するのが一般的だが，部品A, Bに導電性がある場合には，通電機能による評価が可能である．かしめ状態の良否は，部品間の接触抵抗の違いとして現れるため，電流―電圧特性で評価できるのである．

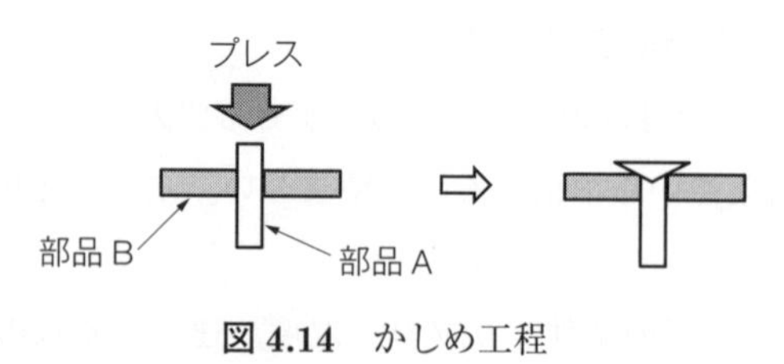

図4.14　かしめ工程

(1)　かしめ技術の入出力特性とSN比，感度の計算

かしめ後の部品A, B間に電圧を印加し，流れる電流を計測する．しっかりとかしめられた状態では，部品A, Bの接触抵抗は低く，オーミックな接触状態が得られていると考えてよい．したがって，入力電圧Mに対する出力電流yは，図4.15のように，原点を通る直線が理想であり，SN比，感度ともに大きな値になることが望ましい．

入力Mを3水準，誤差因子Nを2水準とした場合のデータ形式を表4.5に示す．

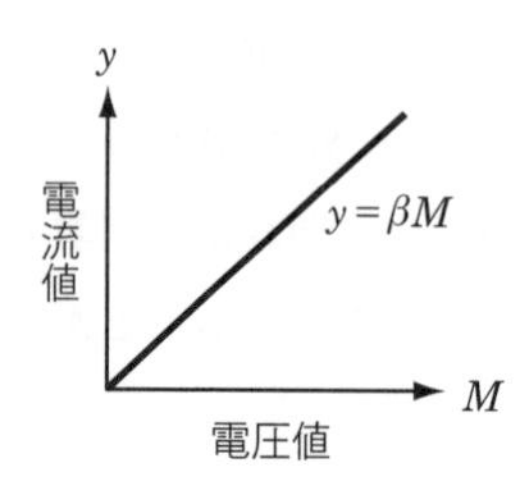

図4.15　かしめ技術の入出力関係

表4.5　データ形式

	M_1	M_2	M_3
N_1	y_{11}	y_{12}	y_{13}
N_2	y_{21}	y_{22}	y_{23}

SN比ηと感度Sは，下記の手順で計算する．

有効序数　$r = M_1^{\ 2} + M_2^{\ 2} + M_3^{\ 2}$

全変動　$S_T = y_{11}^{\ 2} + y_{12}^{\ 2} + y_{13}^{\ 2} + y_{21}^{\ 2} + y_{22}^{\ 2} + y_{23}^{\ 2}$

線形式　$L_1 = M_1 y_{11} + M_2 y_{12} + M_3 y_{13}$　　$L_2 = M_1 y_{21} + M_2 y_{22} + M_3 y_{23}$

比例項の変動　$S_\beta = \dfrac{(L_1 + L_2)^2}{2r}$

比例項の差の変動　$S_{N\times\beta} = \dfrac{(L_1 - L_2)^2}{2r}$

誤差変動　$S_e = S_T - S_\beta - S_{N\times\beta}$

誤差分散　$V_e = \dfrac{S_e}{f}$

プールした誤差分散　$V_N = \dfrac{S_T - S_\beta}{f}$

SN 比　$\eta = 10\log\dfrac{(S_\beta - V_e)/2r}{V_N}$

感度　$S = 10\log\dfrac{S_\beta - V_e}{2r}$

上記の式で計算されるSN比は，かしめ状態の安定性の指標であり，感度は抵抗値（逆数）である．SN比，感度ともに大きな値になることが望ましい．

(2) かしめ技術の誤差因子

誤差因子は，部品間の締結（接触）状態を変化させる要因であり，かしめ工程（装置条件，作業方法）や，かしめ後の使用環境などから抽出する．主な誤差因子として，下記のものがある．

① かしめ工程の条件：部品のセット精度（角度，位置など），プレス圧力の変化，材料物性のばらつきなど

② かしめの劣化：ヒートサイクル，振動，曲げ試験など

③ 使用条件：環境（気温，湿度），長期の保管など

重要と考えられる誤差因子を選定し，調合（＋側最悪，－側最悪）するか，技術的な知見や知識がなく，調合できない場合には直交表に割り付けて実験す

る．なお，上記の因子には，誤差因子ではなく，標示因子として利用されたものも含まれている．

4.5　材料の評価

従来から材料分野で実施されている評価方法は，下記の①～⑤である．化学的，機械的，電気的，そして外観検査など，多様な視点での評価が実施されているが，その大半は製品の部分的な評価になっており，評価工数やコストとともに，評価精度にも課題がある．

①　組成の分析（含有量，組成比など）

②　製品形状の計測（膜厚，寸法など）

③　表面や断面の検査（表面粗さ，光沢，キズや欠けの有無，内部構造など）

④　機械的な特性（引張や曲げ試験による変形量や強度など）

⑤　電気的な特性（導通・絶縁試験，抵抗値の測定など）

通電機能による電流―電圧特性の評価は，⑤を発展させた方法と考えてよいが，入出力特性や誤差因子を工夫することで，評価の範囲を製品全体に拡大し，更に①～④を包含する特性値として計測することができる．

評価対象は，金属や導電性樹脂などを主原料とする薄膜やベルト製品が中心であるが，絶縁物や複合系材料での研究事例も公表されており，その適用範囲は広い．

4.5.1　材料評価の入出力特性とSN比，感度の計算

対象とする材料（製品）に電圧を印加し，流れる電流を計測して評価する．

金属などの導電性を持つ材料では，入力電圧Mに対する出力電流yは，図4.16のように原点を通る直線が理想である．入力Mを3水準，誤差因子Nを2水準とした場合のデータ形式を表4.6に示す．

SN比ηと感度Sは，下記の手順で計算する．

有効序数　$r=M_1^2+M_2^2+M_3^2$

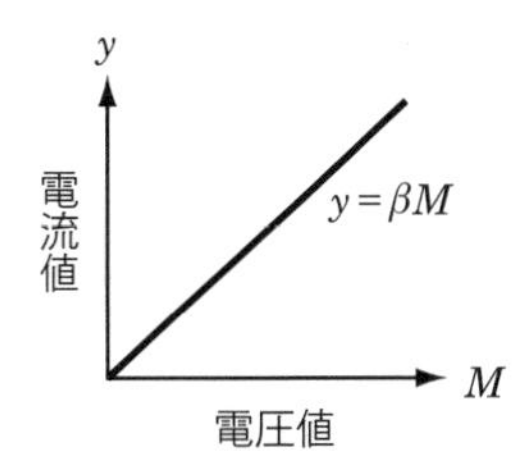

図 4.16　導電性材料の入出力関係

表 4.6　データ形式

	M_1	M_2	M_3
N_1	y_{11}	y_{12}	y_{13}
N_2	y_{21}	y_{22}	y_{23}

全変動　$S_T = {y_{11}}^2 + {y_{12}}^2 + {y_{13}}^2 + {y_{21}}^2 + {y_{22}}^2 + {y_{23}}^2$

線形式　$L_1 = M_1 y_{11} + M_2 y_{12} + M_3 y_{13}$　　$L_2 = M_1 y_{21} + M_2 y_{22} + M_3 y_{23}$

比例項の変動　$S_\beta = \dfrac{(L_1 + L_2)^2}{2r}$

比例項の差の変動　$S_{N\times\beta} = \dfrac{(L_1 - L_2)^2}{2r}$

誤差変動　$S_e = S_T - S_\beta - S_{N\times\beta}$

誤差分散　$V_e = \dfrac{S_e}{f}$

プールした誤差分散　$V_N = \dfrac{S_T - S_\beta}{f}$

SN 比　$\eta = 10\log\dfrac{(S_\beta - V_e)/2r}{V_N}$

感度　$S = 10\log\dfrac{S_\beta - V_e}{2r}$

一方，樹脂などの絶縁性材料では，多くの場合，電圧と電流が比例関係にならず，図 4.17 のように曲線となるケースが多い．この場合，SN 比としては，標準 SN 比を利用するのがよい．

標準 SN 比による解析では，入力を 3 水準，誤差因子を 2 水準とすると，データの形式は表 4.7 のようになる．N_0 は誤差因子を与えない条件である．N_1 を＋側最悪条件，N_2 を－側最悪条件として，表 4.7 のデータをグラフにす

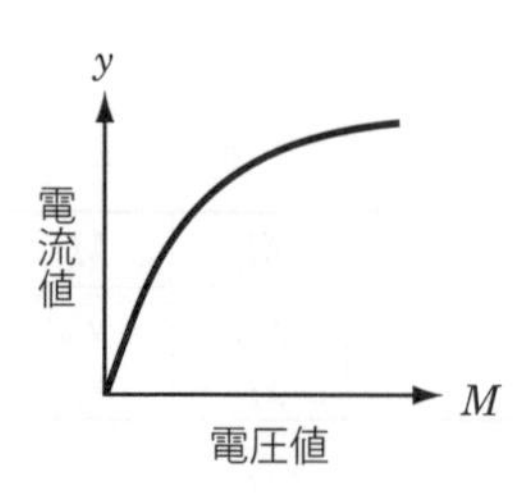

図 4.17 絶縁性材料の入出力関係

表 4.7 データ形式

	M_1	M_2	M_3
N_0	y_{01}	y_{02}	y_{03}
N_1	y_{11}	y_{12}	y_{13}
N_2	y_{21}	y_{22}	y_{23}

ると，図 4.18 のようになる．ここで，N_0 の値を，改めて入力 M^* に設定すると，図 4.18 のグラフは，図 4.19 のように表現される．標準 SN 比では，N_0 の値を計算上の入力として扱うことで，入出力関係における非線形成分を除外し，誤差因子の影響による傾き β の違いだけを，機能のばらつきとして評価する．

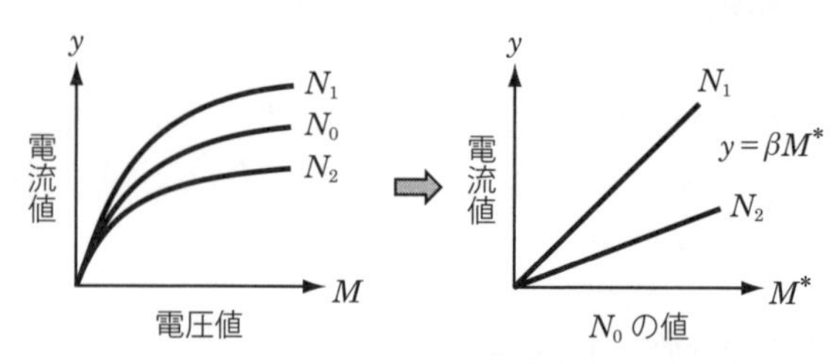

図 4.18 表 4.7 の入出力関係

図 4.19 N_0 を入力とした関係

標準 SN 比 η は，表 4.7 のデータから，下記の手順で計算する．ただし，標準 SN 比の計算式に関しては，現在でも様々な議論があるので，ここでは計算例の一つとしてご理解いただきたい．

有効序数 $r=y_{01}{}^2+y_{02}{}^2+y_{03}{}^2$

全変動 $S_T=y_{11}{}^2+y_{12}{}^2+y_{13}{}^2+y_{21}{}^2+y_{22}{}^2+y_{23}{}^2$

線形式 $L_1=y_{01}y_{11}+y_{02}y_{12}+y_{03}y_{13}$ $L_2=y_{01}y_{21}+y_{02}y_{22}+y_{03}y_{23}$

比例項の変動 $S_\beta=\dfrac{(L_1+L_2)^2}{2r}$

比例項の差の変動　$S_{N\times\beta}=\dfrac{(L_1-L_2)^2}{2r}$

誤差変動　$S_e=S_T-S_\beta-S_{N\times\beta}$

誤差分散　$V_e=\dfrac{S_e}{f}$

プールした誤差分散　$V_N=\dfrac{S_T-S_\beta}{f}$

SN 比　$\eta=10\log\dfrac{S_\beta-V_e}{V_N}$

上記の式で計算される SN 比 η は，誤差因子に対する安定性を示す指標であり，大きな値になることが望ましい．感度については，通常の計算手順で求めると，ほとんど 0（$\beta\fallingdotseq 1$）となり，評価特性としての意味はない．したがって，機能的に意味のある感度（抵抗値を表す）を求めるためには，入力 M を電圧値，出力 y を N_0 条件での電流値とした，0 点比例式の感度を下記の手順で計算する．

有効序数　$r=M_1^2+M_2^2+M_3^2$

全変動　$S_T=y_{01}^2+y_{02}^2+y_{03}^2$

線形式　$L_1=M_1y_{01}+M_2y_{02}+M_3y_{03}$

比例項の変動　$S_\beta=\dfrac{L_1^2}{r}$

誤差変動　$S_e=S_T-S_\beta$

誤差分散　$V_e=\dfrac{S_e}{f}$

感度　$S=10\log\dfrac{S_\beta-V_e}{r}$

また，誤差因子を設定しない N_0 条件での実験が，何らかの都合で実施できない場合には，N_1 と N_2 の実験のみを実施し，その平均値を簡易的に N_0 条件での実験データとして，計算に利用するケースもある．

4.5.2 材料評価の誤差因子

誤差因子は，材料の内部構造を変化させたり，キズや欠陥が生じるなどして，電流―電圧特性がばらつく要因となる因子である．主な誤差因子として，下記の①～④がある．

① 材料の加工条件：加工装置の設定ばらつき，製造環境，製造速度など

② 材料の劣化：引張，曲げ，振動などの負荷試験，熱劣化（ヒートショック），光劣化など

③ 電流の種類：直流，交流，周波数の違いなど

④ 材料の種類：材料の物性値，材料の配合比率など

重要と考えられる誤差因子を選定し，調合（＋側最悪，－側最悪）するか，技術的な知見や知識がなく，調合できない場合には直交表に割り付けて実験する．なお，上記の因子には，誤差因子ではなく，標示因子として利用されたものも含まれている．

4.6 金属ベルトの評価

材料評価の二つ目として，金属ベルトの性能評価に電流―電圧特性が利用された研究を紹介する．評価対象のベルトは，回転するローラとの接触によって駆動するもので，摩擦や応力などのストレスで劣化していく．従来のベルト評価では，熱履歴や引張試験，長時間駆動などのストレスを与えて劣化を促進させ，ベルト表面の亀裂や割れなどの発生状況を調べていた．しかし，この方法は評価時間やコストに加えて，判定精度にも課題があった．

金属ベルトは，金属内部の構造に不均一な部分が存在すると，外部からのストレスの影響を受けやすくなり，劣化が促進すると考えられる．そこで，金属ベルトの電流－電圧特性を計測することで，金属内部の構造を評価する方法が提案された．内部構造が均一な金属ベルトの電流－電圧特性は，電流の広い範囲で直線性が維持され，誤差因子の影響も小さい（図 4.20）．一方，内部にキズや欠陥などの不均一な構造が存在する金属ベルトでは，電流による内部発熱

などの発生により直線性が乱れ，誤差因子の影響も受けやすい（図 4.21）．

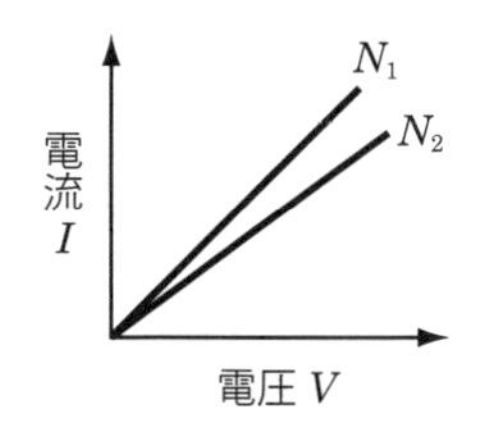

図 4.20　内部構造が均一

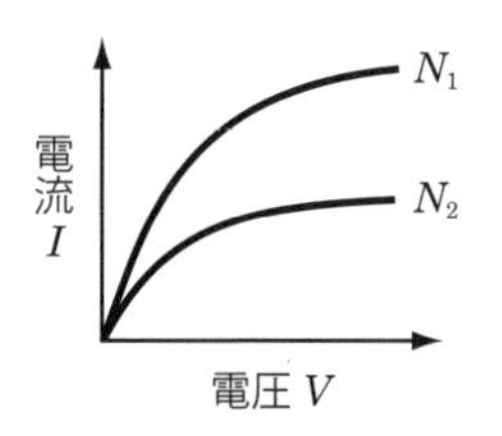

図 4.21　内部構造が不均一

4.6.1　金属ベルトの入出力特性と SN 比，感度の計算

金属ベルトに電流を流し，発生する電圧値を計測する．入力電流 M に対する出力電圧 y は，図 4.22 のように，原点を通る直線が理想である．

入力 M を 3 水準，誤差因子 N を 2 水準とした場合のデータ形式（表 4.8）と，SN 比，感度の計算式を下記に示す．SN 比，感度ともに大きな値になることが望ましい．

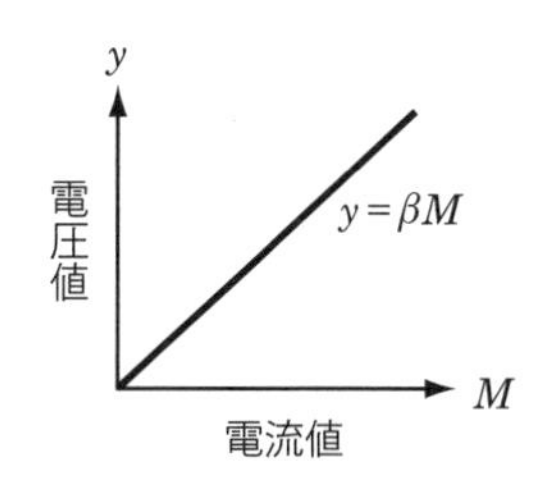

図 4.22　金属ベルトの入出力関係

表 4.8　データ形式

	M_1	M_2	M_3
N_1	y_{11}	y_{12}	y_{13}
N_2	y_{21}	y_{22}	y_{23}

SN 比 η と感度 S は，下記の手順で計算する．

有効序数　$r=M_1^{\,2}+M_2^{\,2}+M_3^{\,2}$

全変動　$S_T=y_{11}^{\,2}+y_{12}^{\,2}+y_{13}^{\,2}+y_{21}^{\,2}+y_{22}^{\,2}+y_{23}^{\,2}$

線形式　$L_1=M_1y_{11}+M_2y_{12}+M_3y_{13}$　　$L_2=M_1y_{21}+M_2y_{22}+M_3y_{23}$

比例項の変動　$S_\beta=\dfrac{(L_1+L_2)^2}{2r}$

比例項の差の変動 $S_{N\times\beta}=\frac{(L_1-L_2)^2}{2r}$

誤差変動 $S_e=S_T-S_\beta-S_{N\times\beta}$

誤差分散 $V_e=\frac{S_e}{f}$

プールした誤差分散 $V_N=\frac{S_T-S_\beta}{f}$

SN比 $\eta=10\log\frac{(S_\beta-V_e)/2r}{V_N}$

感度 $S=10\log\frac{S_\beta-V_e}{2r}$

4.6.2 金属ベルト評価の誤差因子

誤差因子は，金属の内部構造を不均一にし，電流－電圧特性を変化させる因子である．主な誤差因子として，下記の①～③がある．

① ベルトの加工条件：加工装置の設定値ばらつき，製造環境（気温，湿度），製造速度，材料の種類，物性値のばらつき

② ベルトの劣化：引張，曲げ，振動などの外力，熱劣化（ヒートショック），光劣化

③ ベルトの使用条件：電流の種類（直流，交流，周波数の違いなど），使用環境（気温，湿度）

重要と考えられる誤差因子を選定し，調合（＋側最悪，－側最悪）するか，技術的な知見や知識がなく，調合できない場合には直交表に割り付けて実験する．なお，上記の因子には，誤差因子ではなく，標示因子として利用されたものも含まれている．

4.7 溶 接 技 術

溶接は，二つ以上の部材を溶融し，一体化する技術である．締結したい部分に熱や圧力をかけ，部材を溶かすことで接合する．一般的には金属の接合に用いられるが，プラスチックやセラミックスでも可能である．部材を溶かすためには膨大な熱エネルギーを必要とするが，接合したい箇所以外には熱の影響を与えたくない．したがって，狭い範囲に集中的に熱を加えるシステムが必要となり，スポット溶接，アーク溶接，抵抗溶接，レーザ溶接などの技術が開発されている．

溶接技術の評価は，溶接部に荷重（引張り，曲げ，剥離など）をかけて，接合強度や変形量を測定する方法が一般的である．また，部材の溶融状態を調べるため，溶接部分を切断した画像で評価することもあるが，いずれも破壊試験であり，評価の再現性確保が難しいのと，溶融状態の微妙な違いや空隙の有無など，溶接部分の微小な変化を評価するには，計測の精度に課題がある．

そこで，これらの課題に対する解決策として，電流－電圧特性の適用が研究された．導電性を持つ部材の溶接であれば，溶接部分に電流を流すことで，溶融状態の微妙な変化を精度よく判断できる可能性があり，しかも破壊試験ではないので，繰り返し評価が可能である（図 4.23）．

溶接部分に溶融の不均一や空隙などがあると，その部分が抵抗となって電流が流れにくくなり，電流－電圧特性の直線性に乱れが生じる（図 4.24）．

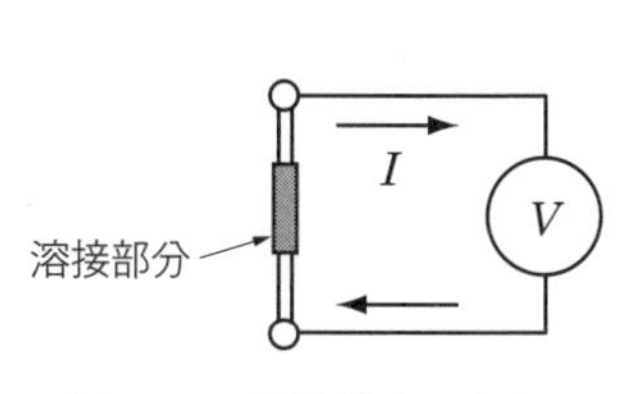

図 4.23　溶接技術の評価

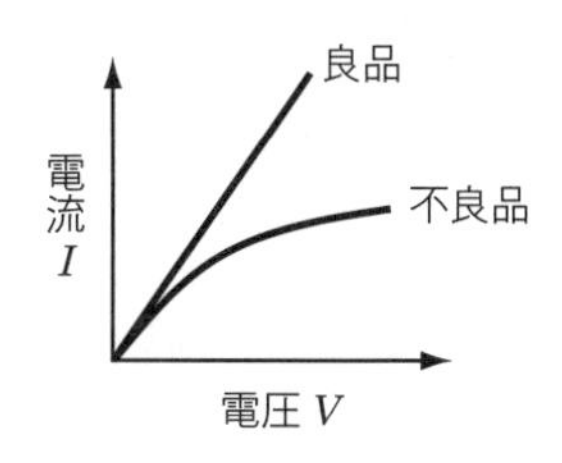

図 4.24　溶接技術の電流－電圧特性

4.7.1　溶接技術の入出力特性とSN比，感度の計算

溶接部分に電流を流し，発生する電圧値を計測する．入力電流Mに対する出力電圧yは，図4.25のように，原点を通る直線が理想である．

入力Mを3水準，誤差因子Nを2水準とした場合のデータ形式は表4.9になる．

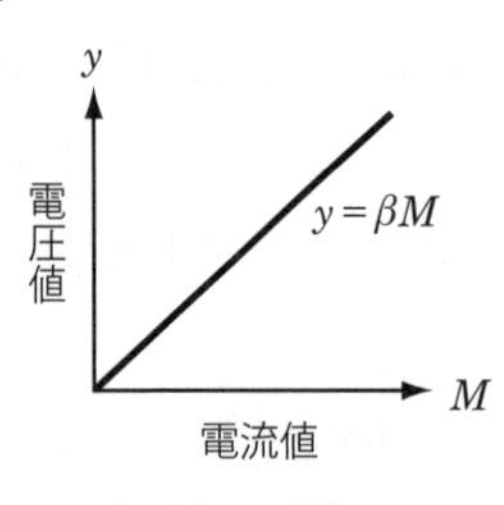

図4.25　溶接技術の入出力関係

表4.9　データ形式

	M_1	M_2	M_3
N_1	y_{11}	y_{12}	y_{13}
N_2	y_{21}	y_{22}	y_{23}

SN比ηと感度Sは，下記の手順で計算する．

有効序数　$r=M_1^2+M_2^2+M_3^2$

全変動　$S_T=y_{11}^2+y_{12}^2+y_{13}^2+y_{21}^2+y_{22}^2+y_{23}^2$

線形式　$L_1=M_1y_{11}+M_2y_{12}+M_3y_{13}$　　$L_2=M_1y_{21}+M_2y_{22}+M_3y_{23}$

比例項の変動　$S_\beta=\dfrac{(L_1+L_2)^2}{2r}$

比例項の差の変動　$S_{N\times\beta}=\dfrac{(L_1-L_2)^2}{2r}$

誤差変動　$S_e=S_T-S_\beta-S_{N\times\beta}$

誤差分散　$V_e=\dfrac{S_e}{f}$

プールした誤差分散　$V_N=\dfrac{S_T-S_\beta}{f}$

SN比　$\eta=10\log\dfrac{(S_\beta-V_e)/2r}{V_N}$

感度　$S=10\log\frac{S_\beta-V_e}{2r}$

4.7.2　溶接技術の誤差因子

誤差因子は，溶接状態を変化させる要因であり，溶接システムの工程条件や環境，溶接部分の劣化などから抽出する．主な誤差因子として，下記のものがある．

① 溶接工程の条件：設備の設定条件や環境，部材のセット間隔，部材表面の汚れなど

② 溶接部分への負荷：通電劣化，ヒートサイクル，振動，曲げなどの外力

③ 使用環境：気温，湿度など

重要と考えられる誤差因子を選定し，調合（＋側最悪，－側最悪）するか，技術的な知見や知識がなく，調合できない場合には直交表に割り付けて実験する．

第5章　加工機能

5.1　加工機能とは

加工機能は，入力エネルギーによって物体を成形・変形するシステムに求められる機能であり，成形，切断，穿孔（せんこう），切削，成膜など，全ての加工装置がその対象になる．

これらの装置については，転写機能による製品形状の評価方法を紹介したが，転写機能は加工後の製品寸法や表面平滑性など，製品品質の評価が主体となり，加工速度や生産数量などの加工効率を評価することが難しい．さらに，加工装置で重要な点はバイトやドリルなどの寿命である．これら刃具の劣化や損傷は，生産量はもとより，製品品質の低下に直結するため，寿命は可能な限り長くしたい．

加工機能は，システムに入力されるエネルギー量と，仕事量（加工量）の関係を調べることで，転写機能では評価が難しい，生産性や刃具寿命への対応が可能となる．システム図では図5.1のように表される．

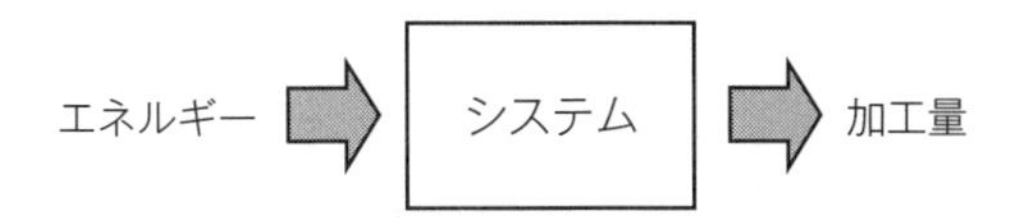

図5.1　加工機能のシステム図

加工機能による評価が適用された加工技術やシステムには，下記①～⑯がある．

① 切削加工（フライス，エンドミル，フェイスミル，バイトなど）

② 研削加工

③ 放電加工（型彫り放電加工，ワイヤー放電加工）

④ ドリル加工
⑤ 切断加工（カッター，のこぎり，レーザー，ダイシングなど）
⑥ 表面研磨加工
⑦ 転造加工
⑧ プレス加工
⑨ エッチング
⑩ めっき
⑪ 接合技術（スポット溶接，超音波溶接，抵抗溶接，かしめ，ねじ締めなど）
⑫ 接着技術
⑬ 金属粉末焼結技術
⑭ 射出成形
⑮ 薄膜生成技術
⑯ 粉砕・分級加工

加工システムや加工するモノによって，それぞれ特色のある入出力関係が研究，提案されている．次節より，上記の①～⑯について，それぞれ入出力関係，誤差因子や標示因子など，具体的な活用方法とポイントについて紹介する．

5.2 切削，研削加工

切削加工は，フライスやエンドミル，バイトを使って，加工対象物（ワーク）の表面を削り取り，平面や側面，溝などを加工する．研削加工では，砥石を利用する．また，旋盤を利用してワークの外形や内部を加工する場合は，旋削加工と呼ばれる．

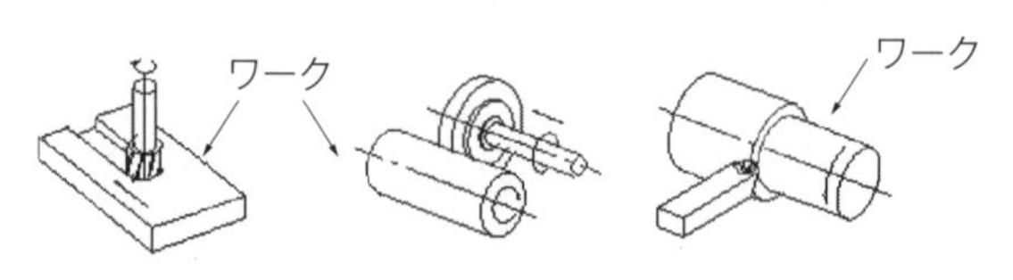

図 5.2 切削，旋削，研削加工

5.2.1　切削，研削加工の入出力特性と SN 比，感度の計算

切削や旋削加工の入力エネルギーは電力である．出力としての加工量は，ワークからの除去量（重量，体積など）である．加工に要した電力（消費電力の積算値）を入力 M，除去量を出力 y とすると，入出力の関係は，図 5.3 のような原点を通る直線で表される．傾き β は加工の効率である．

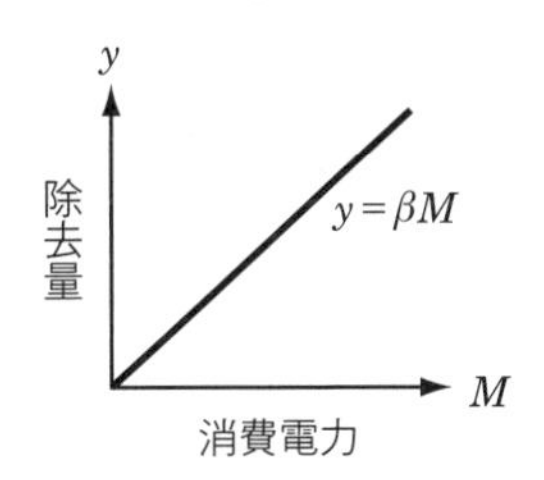

図 5.3　切削，研削加工の入出力関係

消費電力と除去量以外の入出力特性としては，下記①～④の特性値で研究が行われている．いずれのケースでも理想的な状態は原点を通る直線であり，SN 比は大きいことが望ましいが，感度については，ケースごとに望ましい方向が決まり，下記③，④では感度 β は小さいほうが望ましい（図 5.4）．

①　切削抵抗－除去量（重量，体積）

②　切削時間－除去量（重量，体積）

③　除去量（重量，体積）－消費電力

④　切り込み量－消費電力

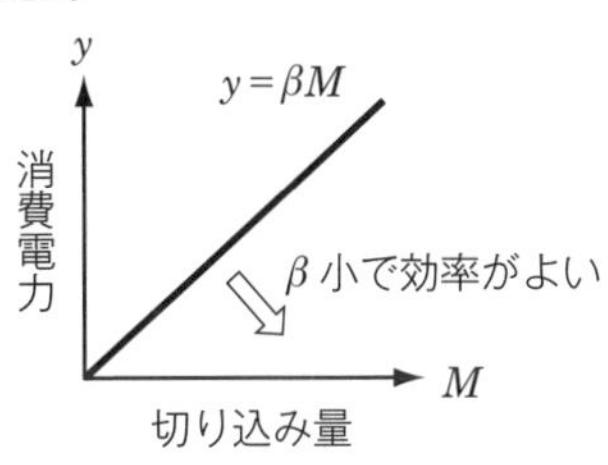

図 5.4　④の入出力関係

入出力特性が上記いずれのケースでも，データ形式は入力 M を 3 水準，誤差因子 N を 2 水準とすると，表 5.1 になる．

表 5.1　データ形式

	M_1	M_2	M_3
N_1	y_{11}	y_{12}	y_{13}
N_2	y_{21}	y_{22}	y_{23}

SN 比 η と感度 S は，下記の手順で計算する．

有効序数　$r = {M_1}^2 + {M_2}^2 + {M_3}^2$

全変動　$S_T = {y_{11}}^2 + {y_{12}}^2 + {y_{13}}^2 + {y_{21}}^2 + {y_{22}}^2 + {y_{23}}^2$

線形式　$L_1 = M_1 y_{11} + M_2 y_{12} + M_3 y_{13}$　　$L_2 = M_1 y_{21} + M_2 y_{22} + M_3 y_{23}$

比例項の変動　$S_\beta = \dfrac{(L_1 + L_2)^2}{2r}$

比例項の差の変動　$S_{N\times\beta} = \dfrac{(L_1 - L_2)^2}{2r}$

誤差変動　$S_e = S_T - S_\beta - S_{N\times\beta}$

誤差分散　$V_e = \dfrac{S_e}{f}$

プールした誤差分散　$V_N = \dfrac{S_T - S_\beta}{f}$

SN 比　$\eta = 10\log\dfrac{(S_\beta - V_e)/2r}{V_N}$

感度　$S = 10\log\dfrac{S_\beta - V_e}{2r}$

上記の式で計算される SN 比は，切削，研削加工の安定性の指標であり，感度は加工効率（あるいはその逆数）である．SN 比が大きく，感度が目標値にチューニングされたシステムでは，投入されたエネルギーが加工以外の部分で利用されないことから，切れ味のよい，スムーズな加工が実現できる．したがって，刃具の劣化や損傷が起こりにくく，製品寸法や表面形状などの製品品質が維持されるとともに，刃具の寿命も延びることが期待できる．

5.2.2　切削，研削加工の誤差因子

誤差因子は，加工性能をばらつかせる要因であり，加工工程（装置条件）や加工する材料などから抽出する．主な誤差因子としては，下記のものがある．

① 工程の条件：切削速度，切削場所（ワーク上の位置），切り込み量，切削の方向，砥石の径など

② 工具の劣化：新品，劣化品（工具の形状，硬さ，粗さの変化など）

③ 材料（ワーク）関連：材料の種類，ワークの形状（厚み，平滑性，曲率など）

重要と考えられる誤差因子を選定し，加工の容易な条件と困難な条件に調合（＋側最悪，－側最悪）するか，技術的な知見や知識がなく，調合できない場合には直交表に割り付けて実験する．なお，上記の因子には，誤差因子ではなく，標示因子として利用されたものも含まれている．

5.3　放 電 加 工

放電加工は，放電現象によって加工対象物（ワーク）を溶融し，任意の形状に切断，加工する技術である．銅やタングステンなどの細いワイヤーを使うワイヤー放電加工と，棒状の電極を利用する型彫り放電加工がある．

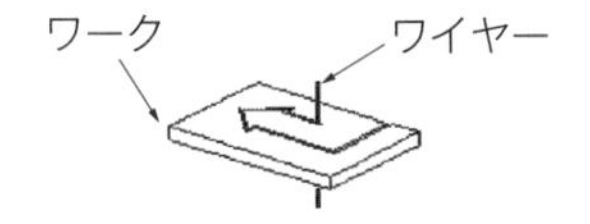

図 5.5　ワイヤー放電電加工

5.3.1　放電加工の入出力特性と SN 比，感度の計算

放電加工の入力エネルギーは消費電力である．出力としての加工量は，切断長さ（距離）やワークからの除去量（重量，体積）である．加工に要した消費電力を入力 M，切断長さを出力 y とすると，入出力の関係は，図 5.6 のような原点を通る直線で表される．傾き β は加工効率である．

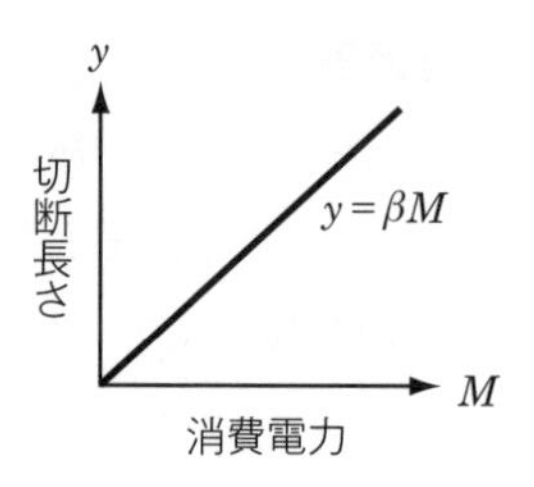

図 5.6　放電電加工の入出力関係

消費電力と切断距離以外の入出力特性としては，下記①～④の特性値でも研究が行われている．

①　消費電力－除去量（重量，体積）

②　加工時間－除去量（重量，体積）

③　除去量（重量，体積）－積算電流値

④　切断距離－積算電流値

いずれのケースでも理想状態は，原点を通る直線であり，SN 比は大きいことが望ましいが，感度については，ケースごとに望ましい方向が決まり，③，④では感度 β は小さいほうがよい（図 5.7）．

データの形式は，入力 M を 3 水準，誤差因子 N を 2 水準とすると表 5.2 になる．

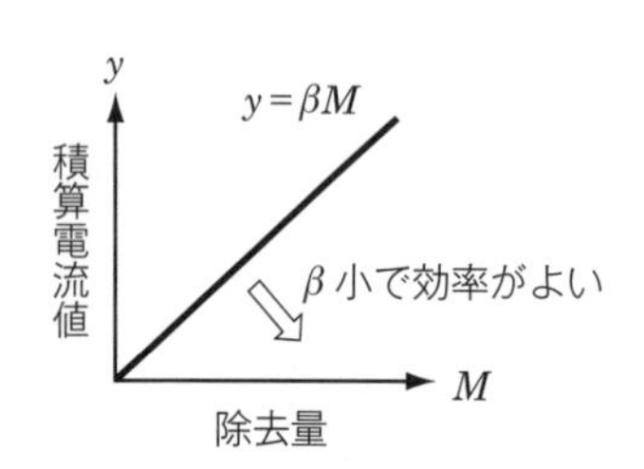

図 5.7　③の入出力関係

表 5.2　データ形式

	M_1	M_2	M_3
N_1	y_{11}	y_{12}	y_{13}
N_2	y_{21}	y_{22}	y_{23}

SN 比 η と感度 S は，下記の手順で計算する．

有効序数　$r = M_1{}^2 + M_2{}^2 + M_3{}^2$

全変動　$S_T = y_{11}{}^2 + y_{12}{}^2 + y_{13}{}^2 + y_{21}{}^2 + y_{22}{}^2 + y_{23}{}^2$

線形式　$L_1 = M_1 y_{11} + M_2 y_{12} + M_3 y_{13}$　　$L_2 = M_1 y_{21} + M_2 y_{22} + M_3 y_{23}$

比例項の変動　$S_\beta = \dfrac{(L_1 + L_2)^2}{2r}$

比例項の差の変動　$S_{N\times\beta} = \dfrac{(L_1 - L_2)^2}{2r}$

誤差変動　$S_e = S_T - S_\beta - S_{N\times\beta}$

誤差分散　$V_e = \dfrac{S_e}{f}$

プールした誤差分散　$V_N = \dfrac{S_T - S_\beta}{f}$

SN 比　$\eta = 10 \log \dfrac{(S_\beta - V_e)/2r}{V_N}$

感度　$S = 10 \log \dfrac{S_\beta - V_e}{2r}$

上記の式で計算される SN 比は，放電加工の安定性の指標であり，感度は加工効率（あるいはその逆数）である．

5.3.2　放電加工の誤差因子

誤差因子は，加工性能をばらつかせる要因であり，加工工程（装置条件）や加工する材料などから抽出する．主な誤差因子としては，下記のものがある．

① 工程の条件：ワークの設定位置，ワーク間のすき間の有無，掘り込み深さ，ワイヤー（傾き，テンションなど），電極（形状，面積，材質など），加工液（成分，温度など）

② 劣化：ワイヤー，電極，加工液の劣化（摩耗，形状変化，成分変化など）

③ 材料（ワーク）関連：材料の種類，形状（厚み，平滑性，曲率など）

重要と考えられる誤差因子を選定し，加工の容易な条件と困難な条件に調合（＋側最悪，－側最悪）するか，技術的な知見や知識がなく，調合できない場合には直交表に割り付けて実験する．なお，上記の因子には，誤差因子ではなく，標示因子として利用されたものも含まれている．

5.4　ドリル加工

加工対象物（ワーク）に穴をあけるとき，最も一般的な加工方法がドリル加工である．ドリル加工では，加工後の穴形状や加工面の平滑性評価とともに，刃具（ドリル）の寿命が問題となることが多い．ドリル加工システムを加工機能で評価することによって，生産性とともに，ドリル寿命の評価も可能となる．

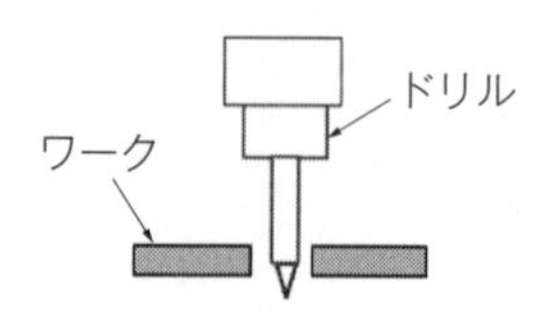

図 5.8　ドリル加工

5.4.1　ドリル加工の入出力特性と SN 比，感度の計算

一般的なドリル加工の入力エネルギーは電力，出力としての加工量はワークからの除去量（重量，体積）である．加工に要した電力（消費電力の積算値）を入力 M，除去量（重量，体積）を出力 y とすると，入出力の関係は，図 5.9 の原点を通る直線で表される．傾き β はドリル加工の効率である．

消費電力と除去量以外の入出力特性としては，下記①～③の特性値で研究が

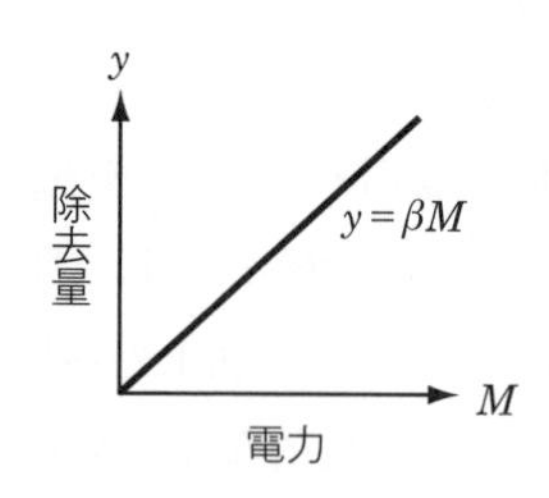

図 5.9　ドリル加工の入出力関係

行われている．いずれのケースでもSN比は大きいことが望ましいが，感度についてはケースごとに望ましい方向が決まり，②，③では感度βは小さいほうがよい（図5.10）．

① 加工時間－除去重量

② 板厚－消費電力

③ 板厚－切削抵抗

データの形式は，入力Mを3水準，誤差因子Nを2水準とすると，表5.3になる．

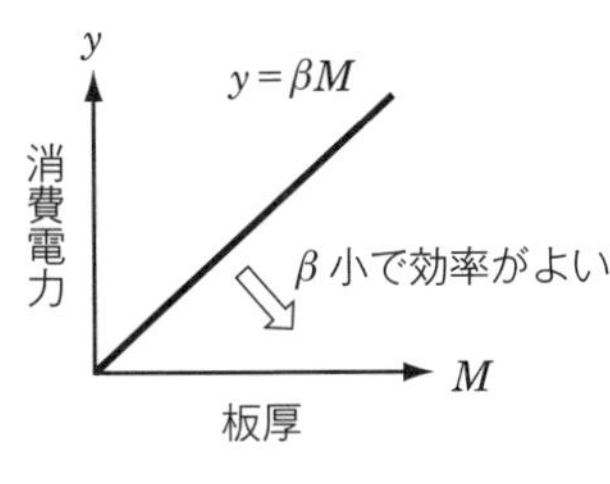

図5.10 ②の入出力関係

表5.3 データ形式

	M_1	M_2	M_3
N_1	y_{11}	y_{12}	y_{13}
N_2	y_{21}	y_{22}	y_{23}

SN比ηと感度Sは，下記の手順で計算する．

有効序数　$r = M_1^2 + M_2^2 + M_3^2$

全変動　$S_T = y_{11}^2 + y_{12}^2 + y_{13}^2 + y_{21}^2 + y_{22}^2 + y_{23}^2$

線形式　$L_1 = M_1 y_{11} + M_2 y_{12} + M_3 y_{13}$　　$L_2 = M_1 y_{21} + M_2 y_{22} + M_3 y_{23}$

比例項の変動　$S_\beta = \dfrac{(L_1 + L_2)^2}{2r}$

比例項の差の変動　$S_{N\times\beta} = \dfrac{(L_1 - L_2)^2}{2r}$

誤差変動　$S_e = S_T - S_\beta - S_{N\times\beta}$

誤差分散　$V_e = \dfrac{S_e}{f}$

プールした誤差分散　$V_N = \dfrac{S_T - S_\beta}{f}$

SN比　$\eta=10\log\dfrac{(S_\beta-V_e)/2r}{V_N}$

感度　$S=10\log\dfrac{S_\beta-V_e}{2r}$

上記の式で計算されるSN比は，ドリル加工の安定性の指標であり，感度は加工効率（あるいはその逆数）である．

5.4.2　ドリル加工の誤差因子

誤差因子は，加工性能をばらつかせる要因であり，加工工程（装置条件）や加工する材料などから抽出する．主な誤差因子としては，下記のものがある．

① 工程の条件：ワークの支持剛性，電力の変動，穴の径，穴の間隔，ワーク上の穴位置（中央，端など），主軸の回転数，送り速度，供給油の種類

② 劣化：ドリルの新旧（使用時間や回数の違い）

③ 材料（ワーク）関連：材料の種類，硬さ，厚み

重要と考えられる誤差因子を選定し，加工の容易な条件と困難な条件に調合（＋側最悪，－側最悪）するか，技術的な知見や知識がなく，調合できない場合には直交表に割り付けて実験する．なお，上記の因子には，誤差因子ではなく，標示因子として利用されたものも含まれている．

5.5　切 断 加 工

対象物（ワーク）を切断するシステムとしては，カッターやのこぎりなどの刃物が一般的であるが，シリコンウェハーの切断に使われるダイサー（砥石）や，レーザー光やワイヤー放電のような熱エネルギーによる切断，あるいは水圧による切断など，切断する材料の種類や，要求される切断寸法の精度によって，様々なシステムが存在し，それぞれ特徴のある評価方法や入出力関係が定義されている．

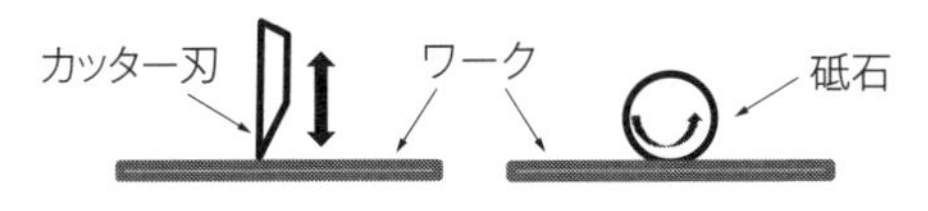

図 5.11　切断加工のシステム

5.5.1　切断加工の入出力特性と SN 比，感度の計算

一般的な切断加工の入力エネルギーは電力，出力としての加工量は切断面積（長さ×深さ）である．加工に要した電力（消費電力の積算値）を入力 M，切断面積を出力 y とすると，図 5.12 の原点を通る直線で表される．傾き β は切断加工の効率である．

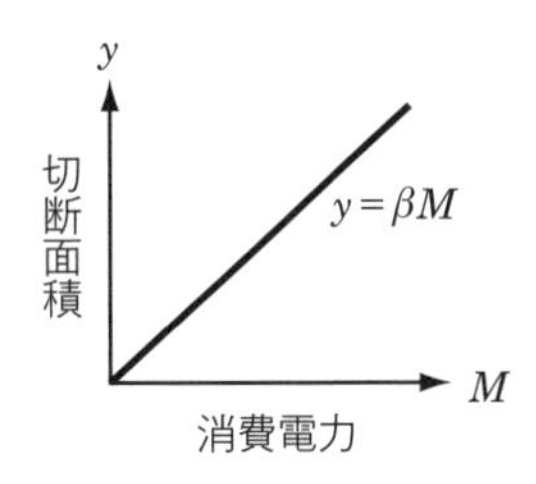

図 5.12　切断加工の入出力関係

消費電力と切断面積以外の入出力特性としては，下記①～⑤の特性値で研究が行われている．いずれのケースでも理想的な状態は原点を通る直線であり，SN 比は大きいことが望ましいが，感度については，ケースごとに望ましい方向が決まり，④，⑤では感度き β は小さいほうがよい（図 5.13）.

① レーザー出力－切断面積
② 切断時間－消費電力
③ 水圧－切断深さ
④ 切断枚数－消費電力
⑤ 切断枚数－切断抵抗

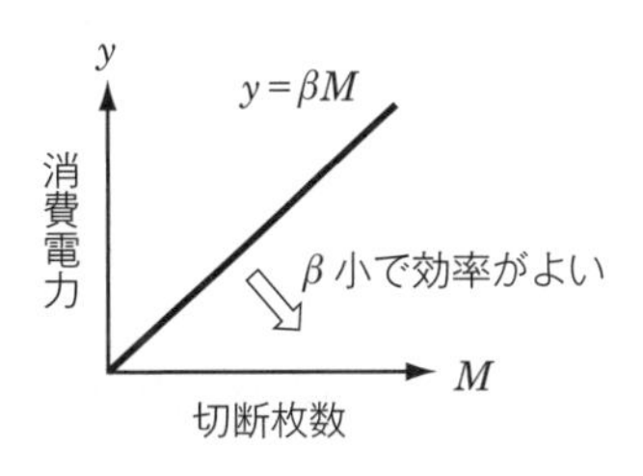

図 5.13　④の入出力関係

データの形式は，入力 M を3水準，誤差因子 N を2水準とすると表5.4になる．

表5.4　データ形式

	M_1	M_2	M_3
N_1	y_{11}	y_{12}	y_{13}
N_2	y_{21}	y_{22}	y_{23}

SN比 η と感度 S は，下記の手順で計算する．

有効序数　$r = M_1^2 + M_2^2 + M_3^2$

全変動　$S_T = y_{11}^2 + y_{12}^2 + y_{13}^2 + y_{21}^2 + y_{22}^2 + y_{23}^2$

線形式　$L_1 = M_1 y_{11} + M_2 y_{12} + M_3 y_{13}$　　$L_2 = M_1 y_{21} + M_2 y_{22} + M_3 y_{23}$

比例項の変動　$S_\beta = \dfrac{(L_1 + L_2)^2}{2r}$

比例項の差の変動　$S_{N\times\beta} = \dfrac{(L_1 - L_2)^2}{2r}$

誤差変動　$S_e = S_T - S_\beta - S_{N\times\beta}$

誤差分散　$V_e = \dfrac{S_e}{f}$

プールした誤差分散　$V_N = \dfrac{S_T - S_\beta}{f}$

SN比　$\eta = 10 \log \dfrac{(S_\beta - V_e)/2r}{V_N}$

感度　$S = 10 \log \dfrac{S_\beta - V_e}{2r}$

5.5.2　切断加工の誤差因子

誤差因子は，加工性能をばらつかせる要因であり，加工工程（装置条件）や加工する材料などから抽出する．主な誤差因子としては，下記のものがある．

①　工程の条件：加工場の温湿度，電力やレーザー出力の変動，切断の間

隔，ワーク上の切断位置，切断の方向

② 劣化：カッター，砥石などの劣化（使用時間など）

③ 材料（ワーク）関連：材料の種類，硬さ，厚み

重要と考えられる誤差因子を選定し，加工の容易な条件と困難な条件に調合（＋側最悪，－側最悪）するか，技術的な知見や知識がなく，調合できない場合には直交表に割り付けて実験する．なお，上記の因子には，誤差因子ではなく，標示因子として利用されたものも含まれている．

5.6 転造加工

転造加工は，加工対象物（ワーク）を回転させながら，転造ダイスと呼ばれる工具を押し付け，圧力によって素材を塑性変形させることで，狙いの形状に仕上げる加工技術である（図 5.14）．ねじやギアなどを製造する工程に利用されることが多い．切削加工のように素材を削り取らないので，切りくずが発生せず，材料の無駄がない．しかし，加工形状は転造ダイスの形状によって決まるので，製品ごとにダイスを準備する必要がある．

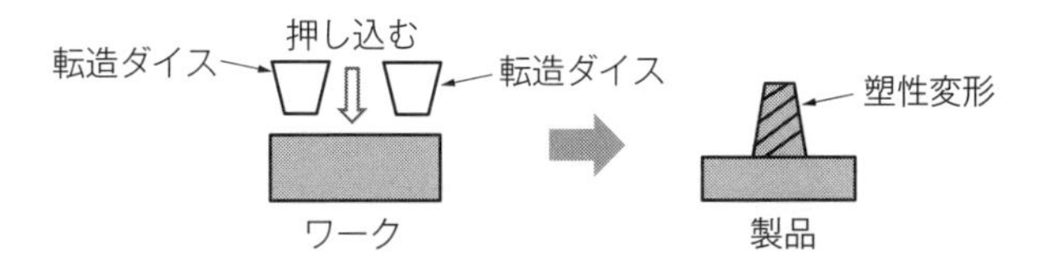

図 5.14 転造加工

5.6.1 転造加工の入出力特性と SN 比，感度の計算

転造加工の入力エネルギーは，ワークやダイスを回転し，押し付けるのに必要な電力，出力はワークの変形量である．変形量は，加工後の製品形状から変形部分の断面積（図 5.14 の斜線部分）を計測し，体積や重量として求める．加工に要した電力の値を入力 M，変形量を出力 y とすると，入出力の関係は，図 5.15 のように原点を通る直線が理想である．

データの形式は，入力Mを3水準，誤差因子Nを2水準とすると表5.5になる．

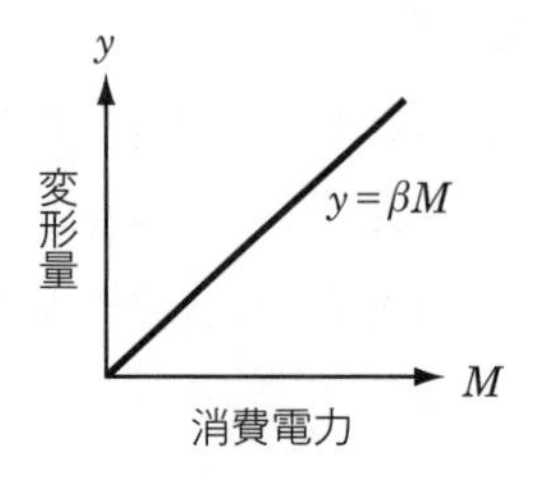

図5.15　転造加工の入出力関係

表5.5　データ形式

	M_1	M_2	M_3
N_1	y_{11}	y_{12}	y_{13}
N_2	y_{21}	y_{22}	y_{23}

SN比ηと感度Sは，下記の手順で計算する．

有効序数　$r=M_1{}^2+M_2{}^2+M_3{}^2$

全変動　$S_T=y_{11}{}^2+y_{12}{}^2+y_{13}{}^2+y_{21}{}^2+y_{22}{}^2+y_{23}{}^2$

線形式　$L_1=M_1y_{11}+M_2y_{12}+M_3y_{13}$　　$L_2=M_1y_{21}+M_2y_{22}+M_3y_{23}$

比例項の変動　$S_\beta=\dfrac{(L_1+L_2)^2}{2r}$

比例項の差の変動　$S_{N\times\beta}=\dfrac{(L_1-L_2)^2}{2r}$

誤差変動　$S_e=S_T-S_\beta-S_{N\times\beta}$

誤差分散　$V_e=\dfrac{S_e}{f}$

プールした誤差分散　$V_N=\dfrac{S_T-S_\beta}{f}$

SN比　$\eta=10\log\dfrac{(S_\beta-V_e)/2r}{V_N}$

感度　$S=10\log\dfrac{S_\beta-V_e}{2r}$

上記の式で計算されるSN比は，転造加工の安定性の指標であり，感度Sは加工効率である．SN比，感度ともに大きな値になることが望ましい．

5.6.2　転造加工の誤差因子

誤差因子は，加工性能をばらつかせる要因であり，加工工程（装置条件）や加工する材料などから抽出する．主な誤差因子としては，下記のものがある．

①　工程の条件：電力変動，回転速度，送り速度，環境（温湿度など）

②　材料（ワーク）関連：材料の種類，ワーク上の位置（計測場所）

重要と考えられる誤差因子を選定し，加工の容易な条件と困難な条件に調合（＋側最悪，－側最悪）するか，技術的な知見や知識がなく，調合できない場合には直交表に割り付けて実験する．なお，上記の因子には，誤差因子ではなく，標示因子として利用されたものも含まれている．

5.7　プレス加工

プレス加工は，加工対象物を金型に圧着（プレス）して，狙いの形状を作る加工方法である．金属や樹脂などの素材（ワーク）を，上型と下型（パンチ，ダイ）の二つの金型で挟み，プレス機で圧力を加えて狙いの形状に変形する．素材を打ち抜いて切り取るせん断加工（図 5.16），ワークをＶ字，Ｕ字，Ｌ字などの形状に曲げる曲げ加工，ワークに引張力を加えて金型に沿った形状を作る絞り加工がある．

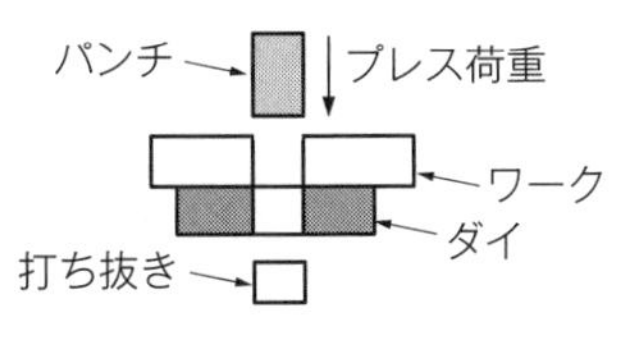

図 5.16　プレスせん断加工

5.7.1　プレスせん断加工の入出力特性と SN 比，感度の計算

プレス加工の入力エネルギーは，ワークにかける荷重，出力はワークの変形量とするのが一般的である．プレス機によるせん断加工では，せん断する長さが出力になる．

入出力の関係は，図5.17に示すような原点を通る直線が理想であり，入力Mの広い範囲で直線性を維持することが望ましい．感度βは，加工効率である．

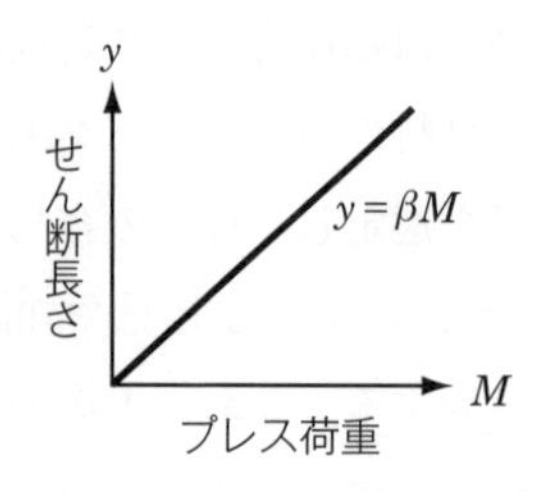

図5.17　せん断加工の入出力関係

また，入力と出力を逆に設定し，狙いのせん断長さ（指示値）を入力，加工エネルギー（荷重×時間）を出力としてもよい．入出力の関係は原点を通る直線が理想であり，入力Mの広い範囲で直線性を維持するのが望ましい（図5.18）．この場合，SN比は大きく，感度βは小さいほうがよい．実際の加工工程を考えれば，この入出力設定で評価するほうが自然であり，実験も容易になる．

データの形式は，入力Mを3水準，誤差因子Nを2水準とすると表5.6になる．

SN比ηと感度Sは，下記の手順で計算する．

有効序数　$r = M_1^2 + M_2^2 + M_3^2$

全変動　$S_T = y_{11}^2 + y_{12}^2 + y_{13}^2 + y_{21}^2 + y_{22}^2 + y_{23}^2$

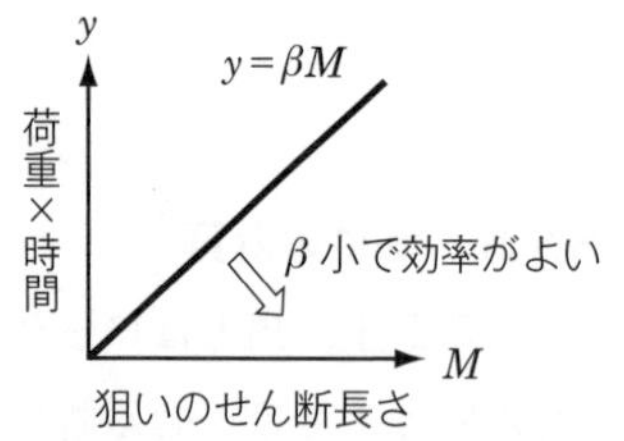

図5.18　せん断加工の入出力関係

表5.6　データ形式

	M_1	M_2	M_3
N_1	y_{11}	y_{12}	y_{13}
N_2	y_{21}	y_{22}	y_{23}

線形式　$L_1 = M_1 y_{11} + M_2 y_{12} + M_3 y_{13}$　　$L_2 = M_1 y_{21} + M_2 y_{22} + M_3 y_{23}$

比例項の変動　$S_\beta = \dfrac{(L_1 + L_2)^2}{2r}$

比例項の差の変動　$S_{N\times\beta} = \dfrac{(L_1 - L_2)^2}{2r}$

誤差変動　$S_e = S_T - S_\beta - S_{N\times\beta}$

誤差分散　$V_e = \dfrac{S_e}{f}$

プールした誤差分散　$V_N = \dfrac{S_T - S_\beta}{f}$

SN 比　$\eta = 10 \log \dfrac{(S_\beta - V_e)/2r}{V_N}$

感度　$S = 10 \log \dfrac{S_\beta - V_e}{2r}$

5.7.2　プレス絞り加工の入出力特性と SN 比，感度の計算

絞り加工は板金をプレス機で引き延ばして形状を作る．入力 M はパンチのストローク量，板厚の変形量が出力 y であるが，入出力の関係は原点を通る直線にならない（図 5.19）．入出力関係に直線性がない場合には，標準 SN 比で評価すればよい．

標準 SN 比による評価は，入力を 3 水準，誤差因子を 3 水準とすると，データの形式は表 5.7 のようになる．N_0 は誤差因子を与えない条件である．N_1 を＋側最悪条件，N_2 を－側最悪条件として，表 5.7 のデータをグラフにすると，図 5.20 ようになる．

ここで，N_0 の値を改めて入力 M^* に設定すると，図 5.20 は，図 5.21 のように表される．標準 SN 比では，N_0 の値を計算上の入力として扱うことで，入出力関係における非線形成分を除外し，誤差因子の影響による傾き β の違いだけを，機能のばらつきとして評価するものである．

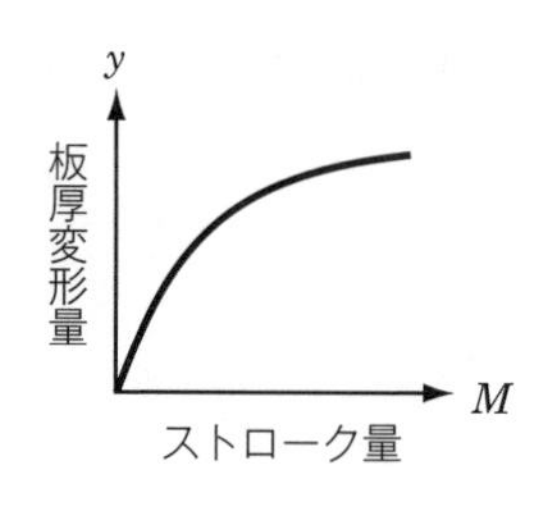

図 5.19　絞り加工の入出力関係

表 5.7　データ形式

	M_1	M_2	M_3
N_0	y_{01}	y_{02}	y_{03}
N_1	y_{11}	y_{12}	y_{13}
N_2	y_{21}	y_{22}	y_{23}

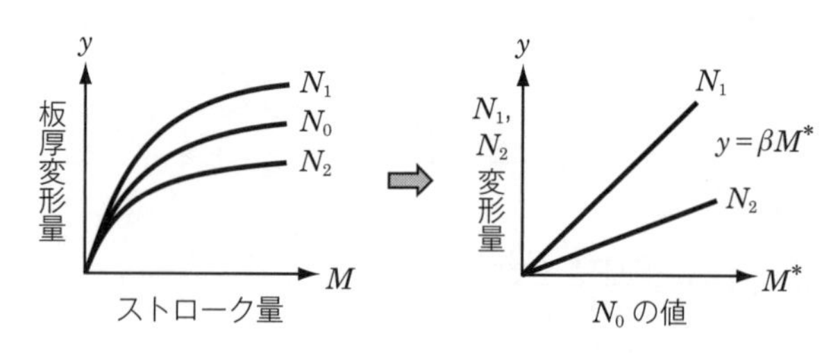

図 5.20　表 5.7 の入出力関係　　**図 5.21**　N_0 入力での関係

標準SN比 η は，表 5.7 のデータから下記の手順で計算する．ただし，標準SN比の計算式に関しては，現在でも様々な議論があるので，ここでは計算例の一つとしてご理解いただきたい．

有効序数　$r = y_{01}{}^2 + y_{02}{}^2 + y_{03}{}^2$

全変動　$S_T = y_{11}{}^2 + y_{12}{}^2 + y_{13}{}^2 + y_{21}{}^2 + y_{22}{}^2 + y_{23}{}^2$

線形式　$L_1 = y_{01}y_{11} + y_{02}y_{12} + y_{03}y_{13}$　　$L_2 = y_{01}y_{21} + y_{02}y_{22} + y_{03}y_{23}$

比例項の変動　$S_\beta = \dfrac{(L_1 + L_2)^2}{2r}$

比例項の差の変動　$S_{N\times\beta} = \dfrac{(L_1 - L_2)^2}{2r}$

誤差変動　$S_e = S_T - S_\beta - S_{N\times\beta}$

誤差分散　$V_e = \dfrac{S_e}{f}$

プール した誤差分散　$V_N=\frac{S_T-S_\beta}{f}$

SN 比　$\eta=10\log\frac{S_\beta-V_e}{V_N}$

上記の手順で計算される SN 比 η は，誤差因子に対する安定性を示す指標であり，大きな値になることが望ましい．しかし，感度をこの計算手順で求めると，ほとんどゼロ（$\beta \fallingdotseq 1$）となり，評価特性としての意味がなくなってしまう．機能的に意味のある感度を求めるためには，入力をストローク量，出力を N_0 条件での板厚変形量とした, 0 点比例式の感度を下記の手順で計算する．

有効序数　$r=M_1^{\ 2}+M_2^{\ 2}+M_3^{\ 2}$

全変動　$S_T=y_{01}^{\ 2}+y_{02}^{\ 2}+y_{03}^{\ 2}$

線形式　$L_1=M_1y_{01}+M_2y_{02}+M_3y_{03}$

比例項の変動　$S_\beta=\frac{L_1^{\ 2}}{r}$

誤差変動　$S_e=S_T-S_\beta$

誤差分散　$V_e=\frac{S_e}{f}$

感度　$S=10\log\frac{S_\beta-V_e}{r}$

誤差因子を設定しない N_0 条件での実験が，何らかの都合で実施できない場合には，N_1 と N_2 の実験のみを実施し，その平均値を簡易的に N_0 条件での実験データとして，SN 比を計算する場合もある．

さらに，ストローク量と板厚変形量に，目標とする理想的な曲線（値）が存在する場合は，目標とする値（変形量）と，各実験での N_0 条件の変形量を使って，直交展開による合わせ込みを行う．直交展開を実施する場合のデータ形式は表 5.8 になる．

ストローク量 M_1, M_2, M_3 に対する，板厚変形量の目標値が y_1, y_2, y_3 であるとき，下記の手順で β_1, β_2 を計算する．

表 5.8 目標値に合わせ込むデータ形式

ストローク量	M_1	M_2	M_3
目標とする変形量の値	y_1	y_2	y_3
各実験での N_0 の値	y_{01}	y_{02}	y_{03}

線形式　$L_1 = y_1 y_{01} + y_2 y_{02} + y_3 y_{03}$

有効序数　$r_1 = {y_1}^2 + {y_2}^2 + {y_3}^2 \qquad \beta_1 = \dfrac{L_1}{r_1}$

線形式　$L_2 = w_1 y_1 + w_2 y_2 + w_3 y_3$

有効序数　$r_2 = {w_1}^2 + {w_2}^2 + {w_3}^2 \qquad \beta_2 = \dfrac{L_2}{r_2}$

$$w_i = y_i \left(y_i - \frac{K_3}{K_2} \right)$$

$$K_2 = \frac{{y_1}^2 + {y_2}^2 + {y_3}^2}{3} \qquad K_3 = \frac{{y_1}^3 + {y_2}^3 + {y_3}^3}{3}$$

β_1 は比例項の係数，β_2 は2次項の係数であり，それぞれ，傾きと非線形成分の大きさを表している．したがって，実験値を目標値に合わせ込むためには，β_1 を1，β_2 を0にすればよい．それぞれの要因効果図を作成して調整する．

5.7.3 プレス加工の誤差因子

誤差因子は，加工性能をばらつかせる要因であり，加工工程（装置条件）や加工する材料などから抽出する．主な誤差因子としては，下記のものがある．

① 工程の条件：ワークとダイ，パンチの位置関係，すき間の有無，パンチの移動速度など

② 劣化：パンチ，ダイの形状変化（寸法，刃先の摩耗，欠け，変形）

③ 材料（ワーク）関連：材料の種類（硬さ，形状など），狙いの製品寸法（大，小）

重要と考えられる誤差因子を選定し，加工の容易な条件と困難な条件に調合(＋側最悪，－側最悪）するか，技術的な知見や知識がなく，調合できない場合には直交表に割り付けて実験する．なお，上記の因子には，誤差因子ではなく，標示因子として利用されたものも含まれている．

5.8　表面処理加工

加工対象物（ワーク）の表面を加工する方法には，大きく分けて2種類ある．ラッピングやポリッシング，サンドブラストのような機械的に処理（研磨）する方法と，エッチングやめっきに代表される化学的に処理する方法である．機械的な研磨加工では，砥石や砥粒によってワーク表面を削り，狙いの粗さや寸法に加工する．一方，化学的に処理する方法では，化学反応や電気エネルギーを使って，ワーク表面を部分的に溶かし，溝やパターンを形成する．

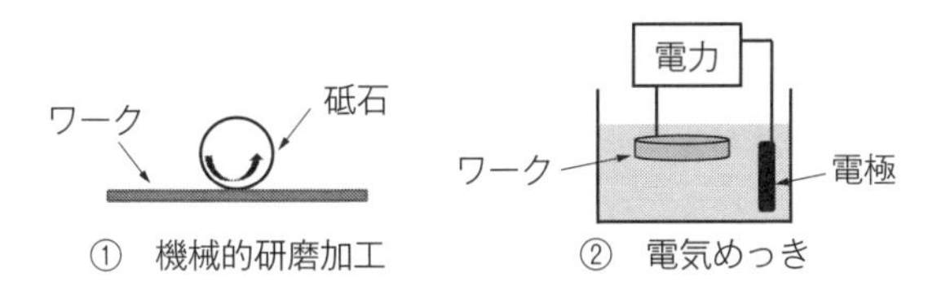

図 5.22　表面処理加工技術

5.8.1　機械的研磨加工の入出力特性とSN比，感度の計算

ラッピングやブラスト加工に代表される機械的な研磨技術では，入力に加工機に投入される電力，出力としてワークからの除去量（重量，体積）を特性値とするのが一般的である．加工に要した電力（消費電力の積算値）を入力 M，除去量を出力 y とすると，図5.23の原点を通る直線で表される．傾き β は加工効率である．入力 M の広い範囲で直線性が維持されることが理想である．

上記以外では，下記の入出力特性が提案されている．

① 処理時間－除去量（体積，重量）

② 処理回数－板厚の減少量

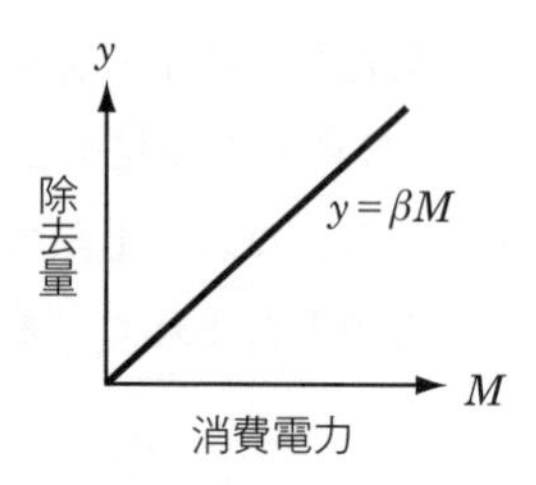

図 5.23　研磨加工の入出力関係

③　ノズルスキャン回数－加工溝の深さ（サンドブラスト加工）

いずれのケースでも，入出力関係は原点を通る直線が理想であり，傾きβは大きいことが望ましい.

データの形式は，入力Mを3水準，誤差因子Nを2水準とすると表5.9になる.

表 5.9　データ形式

	M_1	M_2	M_3
N_1	y_{11}	y_{12}	y_{13}
N_2	y_{21}	y_{22}	y_{23}

SN比ηと感度Sは，下記の手順で計算する.

有効序数　$r=M_1^{\ 2}+M_2^{\ 2}+M_3^{\ 2}$

全変動　$S_T=y_{11}^{\ 2}+y_{12}^{\ 2}+y_{13}^{\ 2}+y_{21}^{\ 2}+y_{22}^{\ 2}+y_{23}^{\ 2}$

線形式　$L_1=M_1y_{11}+M_2y_{12}+M_3y_{13}$　　$L_2=M_1y_{21}+M_2y_{22}+M_3y_{23}$

比例項の変動　$S_\beta=\dfrac{(L_1+L_2)^2}{2r}$

比例項の差の変動　$S_{N\times\beta}=\dfrac{(L_1-L_2)^2}{2r}$

誤差変動　$S_e=S_T-S_\beta-S_{N\times\beta}$

誤差分散　$V_e=\dfrac{S_e}{f}$

プールした誤差分散　$V_N = \dfrac{S_T - S_\beta}{f}$

SN 比　$\eta = 10\log\dfrac{(S_\beta - V_e)/2r}{V_N}$

感度　$S = 10\log\dfrac{S_\beta - V_e}{2r}$

SN 比，感度ともに大きくなることが望ましい．

また，鏡面仕上げや表面改質を目的とした加工の場合，ワーク表面からの除去量や板厚の変化量は，ごくわずかであり，正確に計測することが困難であることが多い．このようなケースでは，図 5.23 の入出力関係の評価ではなく，加工後の表面状態を，粗さ計や光沢計などを使って，下記①～④の特性値を計測する．

①　表面粗さの平均値，最大値，最小値，標準偏差

②　表面のうねり

③　アークハイト（残留応力によるワーク変形量）

④　光の反射率，光沢（つや）

これらは品質特性であるため，静特性（望目特性，望小特性など）での解析になる．静特性は，製品の出来栄え評価が中心であることから，最適化の段階では生産性（効率，速度，数量など）に対しても，十分に考慮する必要がある．

5.8.2　機械的研磨加工の誤差因子

誤差因子は，加工性能をばらつかせる要因であり，加工工程（装置条件）や加工する材料などから抽出する．主な誤差因子としては，下記のものがある．

①　工程の条件：ワークの固定方法，砥石，砥粒，砥液の種類（形状，大きさ，材料種など），研磨する位置

②　劣化：砥石，砥粒，砥液の劣化（使用時間や回数の違い）

③　材料（ワーク）関連：初期の表面粗さ，材料の種類，形状

重要と考えられる誤差因子を選定し，加工の容易な条件と困難な条件に調合（＋側最悪，－側最悪）するか，技術的な知見や知識がなく，調合できない場合には直交表に割り付けて実験する．なお，上記の因子には，誤差因子ではなく，標示因子として利用されたものも含まれている．

5.8.3　化学的表面処理加工の入出力特性とSN比，感度の計算

エッチング処理やめっきに代表される，化学的に表面を処理する加工技術では，時間（処理時間，反応時間）を入力M，出力yには析出量やエッチング量（深さ，幅）が一般的である．入出力の関係は，原点を通る直線となり，入力Mの広い範囲で直線性が維持されるのが理想である．傾きβは表面処理の効率になる（図5.24）．

また，電気めっきでは，電気量（電流×時間）を入力M，出力yにはめっきの膜厚を測定する．入出力の関係は原点を通る直線となり，入力Mの広い範囲で直線性が維持されるのが理想である．傾きβはめっき効率になる（図5.25）．

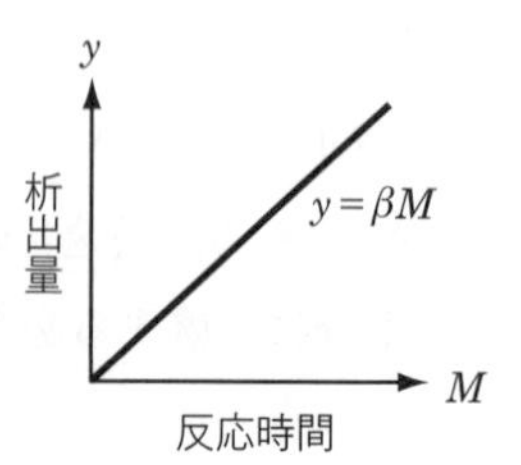

図5.24　化学的表面処理の入出力関係

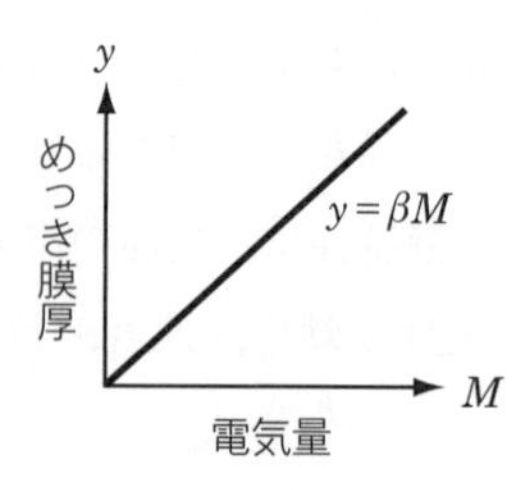

図5.25　電気めっきの入出力関係

どちらのケースでも，データの形式は入力Mを3水準，誤差因子Nを2水準とすると表5.10になる．

表5.10　データ形式

	M_1	M_2	M_3
N_1	y_{11}	y_{12}	y_{13}
N_2	y_{21}	y_{22}	y_{23}

SN比ηと感度Sは，下記の手順で計算する．

有効序数　$r = {M_1}^2 + {M_2}^2 + {M_3}^2$

全変動　$S_T = {y_{11}}^2 + {y_{12}}^2 + {y_{13}}^2 + {y_{21}}^2 + {y_{22}}^2 + {y_{23}}^2$

線形式　$L_1 = M_1 y_{11} + M_2 y_{12} + M_3 y_{13}$　　$L_2 = M_1 y_{21} + M_2 y_{22} + M_3 y_{23}$

比例項の変動　$S_\beta = \dfrac{(L_1 + L_2)^2}{2r}$

比例項の差の変動　$S_{N\times\beta} = \dfrac{(L_1 - L_2)^2}{2r}$

誤差変動　$S_e = S_T - S_\beta - S_{N\times\beta}$

誤差分散　$V_e = \dfrac{S_e}{f}$

プールした誤差分散　$V_N = \dfrac{S_T - S_\beta}{f}$

SN比　$\eta = 10 \log \dfrac{(S_\beta - V_e)/2r}{V_N}$

感度　$S = 10 \log \dfrac{S_\beta - V_e}{2r}$

SN比，感度ともに大きくなること望ましい．

5.8.4　化学的表面処理加工の誤差因子

誤差因子は，加工性能をばらつかせる要因であり，加工工程（装置条件）や加工する材料などから抽出する．主な誤差因子としては，下記のものがある．

① 工程の条件：加工場の温湿度，処理液やめっき液の温度，ワークの層内位置

② 劣化：処理液や電極などの劣化（使用時間など）

③ 材料（ワーク）関連：材料の種類，形状，ワークの計測場所（ワーク裏，表など）

重要と考えられる誤差因子を選定し，表面処理が加速する条件と困難な条件

に調合（＋側最悪，－側最悪）するか，技術的な知見や知識がなく，調合できない場合には直交表に割り付けて実験する．なお，上記の因子には，誤差因子ではなく，標示因子として利用されたものも含まれている．

5.9 溶接技術

部品や材料を接合するとき，材料を溶かして接合する技術が溶接である．材料を溶かすために利用されるエネルギーとしては，電気，ガス，超音波などがあり，エネルギーの種類や材料の溶かし方によって，アーク溶接，ガス溶接，抵抗溶接，超音波溶接など，様々な溶接システムが開発されている．これらのエネルギーは，溶接技術の基本機能において入力特性となるものであり，具体的には，下記①～⑦のような入力特性が提案されている．

① 電気エネルギー（電力量，電流値など）
② 光エネルギー（レーザー出力など）
③ 振動エネルギー（周波数，振幅など）
④ 圧力（荷重，圧接力，回転数など）
⑤ 溶接時間（通電時間，超音波印加時間，レーザー照射時間）
⑥ 溶接長さ
⑦ 溶接点の数

出力特性には，下記①，②がある．

① 接合強度（溶接部分の引張試験や剥離試験）　② 積算電力量

5.9.1 溶接技術の入出力関係とSN比，感度の計算

溶接技術の入出力関係としては，下記の二つのケースで研究されている．

1) 原点を通る直線になることを理想とし，傾きは大きいことが望ましい（図5.26）．

入力を3水準，誤差因子を2水準（N_1, N_2）としたとき，データの形式は表5.11になる．

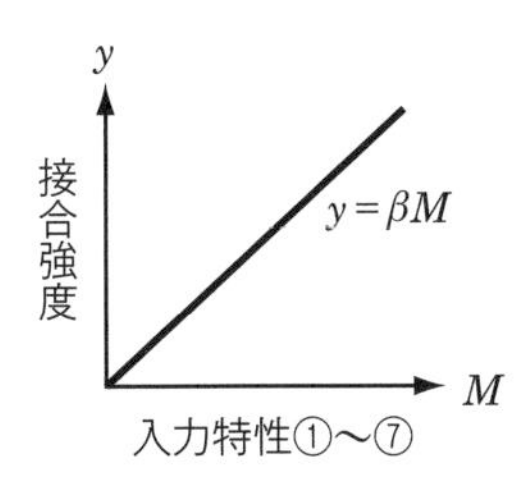

図 5.26　溶接の入出力関係

表 5.11　データ形式

	M_1	M_2	M_3
N_1	y_{11}	y_{12}	y_{13}
N_2	y_{21}	y_{22}	y_{23}

SN 比 η と感度 S は，下記の手順で計算する．

有効序数　$r = M_1^2 + M_2^2 + M_3^2$

全変動　$S_T = y_{11}^2 + y_{12}^2 + y_{13}^2 + y_{21}^2 + y_{22}^2 + y_{23}^2$

線形式　$L_1 = M_1 y_{11} + M_2 y_{12} + M_3 y_{13}$　　$L_2 = M_1 y_{21} + M_2 y_{22} + M_3 y_{23}$

比例項の変動　$S_\beta = \dfrac{(L_1 + L_2)^2}{2r}$

比例項の差の変動　$S_{N\times\beta} = \dfrac{(L_1 - L_2)^2}{2r}$

誤差変動　$S_e = S_T - S_\beta - S_{N\times\beta}$

誤差分散　$V_e = \dfrac{S_e}{f}$

プールした誤差分散　$V_N = \dfrac{S_T - S_\beta}{f}$

SN 比　$\eta = 10\log\dfrac{(S_\beta - V_e)/2r}{V_N}$

感度　$S = 10\log\dfrac{S_\beta - V_e}{2r}$

2)　原点は通るが直線ではない．傾きは大きいことが望ましい（図 5.27）．

このケースでは，標準 SN 比を利用する．入力を 3 水準，誤差因子を 2 水準（N_1, N_2）としたとき，データの形式は表 5.12 になる．N_0 は，誤差因子を考慮していない標準条件である．

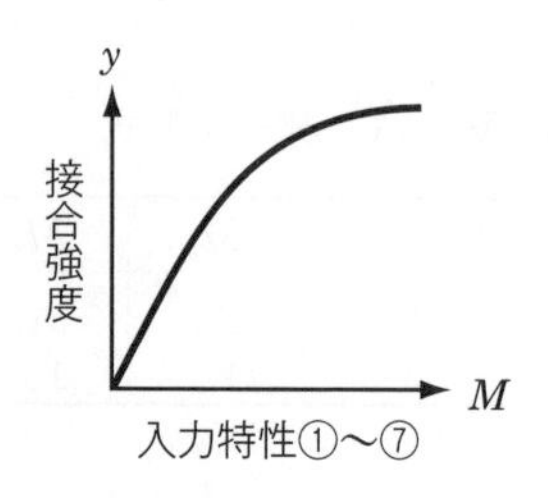

図 5.27 溶接の入出力関係

表 5.12 データ形式

	M_1	M_2	M_3
N_0	y_{01}	y_{02}	y_{03}
N_1	y_{11}	y_{12}	y_{13}
N_2	y_{21}	y_{22}	y_{23}

標準SN比ηは，表5.12のデータから，下記の手順で計算する．ただし，標準SN比の計算式に関しては，現在でも様々な議論があるので，ここでは計算例の一つとしてご理解いただきたい．

有効序数 $r = y_{01}^2 + y_{02}^2 + y_{03}^2$

全変動 $S_T = y_{11}^2 + y_{12}^2 + y_{13}^2 + y_{21}^2 + y_{22}^2 + y_{23}^2$

線形式 $L_1 = y_{01}y_{11} + y_{02}y_{12} + y_{03}y_{13}$ $L_2 = y_{01}y_{21} + y_{02}y_{22} + y_{03}y_{23}$

比例項の変動 $S_\beta = \dfrac{(L_1 + L_2)^2}{2r}$

比例項の差の変動 $S_{N\times\beta} = \dfrac{(L_1 - L_2)^2}{2r}$

誤差変動 $S_e = S_T - S_\beta - S_{N\times\beta}$

誤差分散 $V_e = \dfrac{S_e}{f}$

プールした誤差分散 $V_N = \dfrac{S_T - S_\beta}{f}$

SN比 $\eta = 10\log\dfrac{S_\beta - V_e}{V_N}$

上記の手順で計算されるSN比ηは，誤差因子に対する安定性を示す指標であり，大きな値になることが望ましい．しかし，感度を上記の計算手順で求めると，ほとんどゼロ（$\beta \fallingdotseq 1$）となり，評価特性としての意味がなくなってしまう．機能的に意味のある感度を求めるためには，本来の入力Mの値を使って，N_0 条件での特性値を出力とした，0 点比例式の感度を下記の手順で計算する．

有効序数　$r = M_1^{\ 2} + M_2^{\ 2} + M_3^{\ 2}$

全変動　$S_T = y_{01}^{\ 2} + y_{02}^{\ 2} + y_{03}^{\ 2}$

線形式　$L_1 = M_1 y_{01} + M_2 y_{02} + M_3 y_{03}$

比例項の変動　$S_\beta = \dfrac{L_1^{\ 2}}{r}$

誤差変動　$S_e = S_T - S_\beta$

誤差分散　$V_e = \dfrac{S_e}{f}$

感度　$S = 10 \log \dfrac{S_\beta - V_e}{r}$

誤差因子を設定しない N_0 条件での実験が，何らかの都合で実施できない場合には，N_1 と N_2 の実験のみを実施し，その平均値を簡易的に N_0 条件での実験データとして，SN 比の計算に利用するケースもある．

5.9.2　入力エネルギーによる評価

最近の研究では，溶接後の接合強度を出力とせず，入力エネルギーの安定性のみを評価する研究結果もある．これは，溶接中の電流値や電圧値の変動が小さく安定し，溶接部分に十分なエネルギーが供給されれば，溶接品質も安定するはず，との考え方がその根本にある．

このケースでの入出力関係は図 5.28 になる．入力 M の広い範囲で直線性が維持されることが望ましい．

データ形式と SN 比，感度の計算は前述と同じであり割愛する．

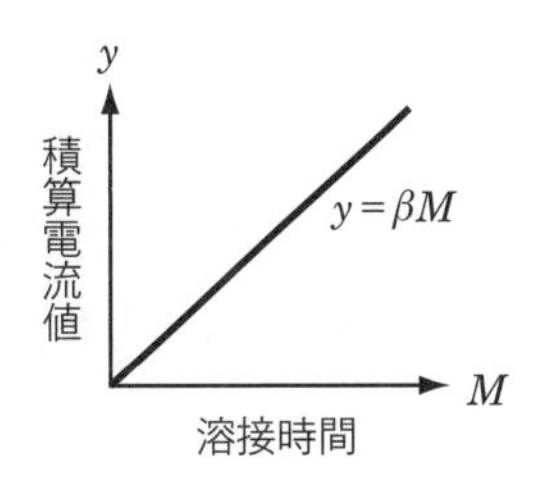

図 5.28　溶接の入出力関係

5.9.3　溶接技術の誤差因子

誤差因子としては下記①〜④があげられる．重要と考えられる誤差因子を選定し，調合（＋側最悪，－側最悪）するか，技術的な知見や知識がなく，調合できない場合には直交表に割り付けて実験する．

① 溶接環境：気温，湿度

② 溶接条件：溶接箇所，溶接端子角度，部材の間隔など

③ 部材の種類：寸法，枚数，材質，表面汚れ，変形など

④ 溶接端子（電極）の劣化：摩耗，汚れ

なお，上記の因子には，誤差因子ではなく，標示因子として利用されたものも含まれている．

5.10　締 結 技 術

かしめやねじ締め，ボルト締めは，回転トルクや圧力などの機械的なエネルギーを利用して，部品や材料を接合する技術である．したがって，それらの機械エネルギーを入力，締結力を出力とした基本機能の評価が実施されている．具体的な入力特性，出力特性を下記に紹介する．

＜入力特性＞	＜出力特性＞
① 締め付けトルク	① 緩めトルク
② 回転モーメント	② 回転角度
③ プレス圧力	③ 消費電力
④ 締結加工時間	

いずれの入出力特性を採用する場合でも，その関係は原点を通る直線となることが理想であり，感度は入出力特性の組合せによって望ましい状態が決まる．図5.29の入出力特性では，感度 β は小さいほうがよい．

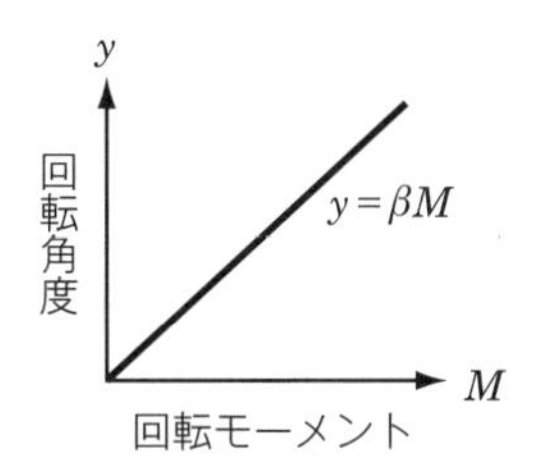

図 5.29　締結技術の入出力関係

5.10.1　締結技術のデータ形式と SN 比，感度の計算

入力を 3 水準，誤差因子を 2 水準（N_1, N_2）としたとき，データの形式は表 5.13 になる．

表 5.13　データ形式

	M_1	M_2	M_3
N_1	y_{11}	y_{12}	y_{13}
N_2	y_{21}	y_{22}	y_{23}

SN 比 η と感度 S は，下記の手順で計算する．

有効序数　$r = {M_1}^2 + {M_2}^2 + {M_3}^2$

全変動　$S_T = {y_{11}}^2 + {y_{12}}^2 + {y_{13}}^2 + {y_{21}}^2 + {y_{22}}^2 + {y_{23}}^2$

線形式　$L_1 = M_1 y_{11} + M_2 y_{12} + M_3 y_{13}$　　$L_2 = M_1 y_{21} + M_2 y_{22} + M_3 y_{23}$

比例項の変動　$S_\beta = \dfrac{(L_1 + L_2)^2}{2r}$

比例項の差の変動　$S_{N\times\beta} = \dfrac{(L_1 - L_2)^2}{2r}$

誤差変動　$S_e = S_T - S_\beta - S_{N\times\beta}$

誤差分散　$V_e = \dfrac{S_e}{f}$

プールした誤差分散　$V_N = \dfrac{S_T - S_\beta}{f}$

SN比 $\eta=10\log\frac{(S_\beta-V_e)/2r}{V_N}$

感度 $S=10\log\frac{S_\beta-V_e}{2r}$

5.10.2 締結技術の誤差因子

誤差因子としては，下記①～④があげられる．重要と考えられる誤差因子を選定し，調合（＋側最悪，－側最悪）するか，技術的な知見や知識がなく，調合できない場合には直交表に割り付けて実験する．

① 締結装置の設定ばらつき：ボルト挿入角度，圧力など

② 締結後の劣化：荷重，振動，ヒートサイクルなど

③ 部品の材質，形状

④ 保管環境：気温，湿度

なお，上記の因子には，誤差因子ではなく，標示因子として利用されたものも含まれている．

5.11 接着技術

接着剤や粘着テープを使って部品や材料を接合するのが接着技術である．溶接や締結などの接合技術と比較して，大規模や装置や接合する部品を加工（穴あけ等）する必要がない点で，最も使いやすい接合技術である．研究事例で公表されている具体的な入出力特性を下記に紹介する．

＜入力特性＞	＜出力特性＞
① 接着幅	① 接着（剥離）強度
② 接着長さ	② 剥離した長さ
③ 接着面積	③ 接着剤の残存量
④ 接着剤の量	
⑤ 圧着力	

⑥ 接着時間

いずれの入出力特性を採用する場合でも，その関係は原点を通る直線となることが理想であり，感度は入出力特性の組合せによって望ましい状態が決まる．図 5.30 の入出力特性では，感度は大きいほうがよい．

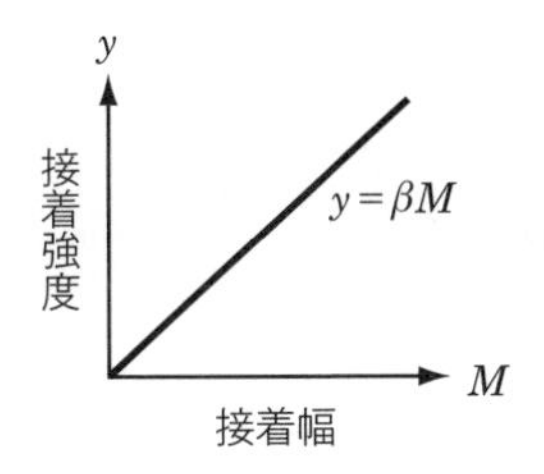

図 5.30 接着技術の入出力関係

5.11.1 接着技術のデータ形式と SN 比，感度の計算

入力を 3 水準，誤差因子を 2 水準（N_1, N_2）としたとき，データの形式は表 5.14 になる．

表 5.14 データ形式

	M_1	M_2	M_3
N_1	y_{11}	y_{12}	y_{13}
N_2	y_{21}	y_{22}	y_{23}

SN 比 η と感度 S は，下記の手順で計算する．

有効序数　$r=M_1^2+M_2^2+M_3^2$

全変動　$S_T=y_{11}^2+y_{12}^2+y_{13}^2+y_{21}^2+y_{22}^2+y_{23}^2$

線形式　$L_1=M_1y_{11}+M_2y_{12}+M_3y_{13}$　　$L_2=M_1y_{21}+M_2y_{22}+M_3y_{23}$

比例項の変動　$S_\beta=\dfrac{(L_1+L_2)^2}{2r}$

比例項の差の変動　$S_{N\times\beta}=\dfrac{(L_1-L_2)^2}{2r}$

誤差変動　$S_e=S_T-S_\beta-S_{N\times\beta}$

誤差分散　$V_e=\dfrac{S_e}{f}$

プールした誤差分散　$V_N=\dfrac{S_T-S_\beta}{f}$

SN比　$\eta=10\log\dfrac{(S_\beta-V_e)/2r}{V_N}$

感度　$S=10\log\dfrac{S_\beta-V_e}{2r}$

5.11.2　接着技術の誤差因子

誤差因子としては，下記①～⑤があげられる．重要と考えられる誤差因子を選定し，調合（＋側最悪，－側最悪）するか，技術的な知見や知識がなく，調合できない場合には直交表に割り付けて実験する．

①　接着剤の劣化：新旧，異物混入など

②　接着後の保管環境：気温，湿度，経過時間

③　接合部の表面状態：粗さ，汚れなど

④　接着条件ばらつき：圧着力，接着剤の量など

⑤　接着強度測定時の荷重の方向：垂直，水平など（図5.31）

なお，上記の因子には，誤差因子ではなく，標示因子として利用されたものも含まれている．

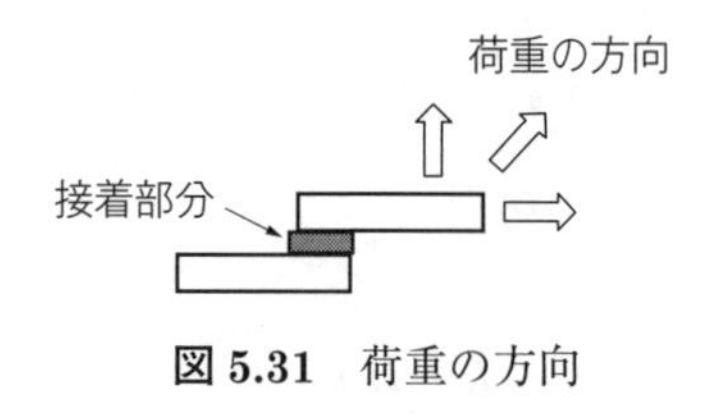

図 5.31　荷重の方向

5.12　粉砕・分級技術

粉砕・分級技術とは，樹脂や金属などの原料を細かく粉砕し，所定の大きさや形状の粒子にそろえる技術である．粉砕にはジェットミルやボールミルなどが利用され，分級には篩やサイクロンによる遠心分離が一般的である．原料を細かくする粉砕を前工程，大きさや形状をそろえる分級を後工程として，それぞれ個別に検討することもできるが，ここでは一連の加工システムと捉えて基本機能を紹介する．粉砕・分級システムの種類や加工する材料によって，それぞれ特色のある入出力特性が研究，提案されており，代表的なものを下記に紹介する．

＜入力特性＞

① 電気エネルギー（消費電力，積算電流値など）

② 粉砕圧力

③ 粉砕エア流速

④ 粉砕時間（ミル，ミキサーの回転時間など）

＜出力特性＞

① 処理量（製品の回収量）

② 平均粒子径

③ 平均粒子径の変化量

平均粒子径は，回収された粒子の粒子径分布（図 5.32）から計算される平均値である．いずれの特性を採用する場合でも，原点を通る直線となることを理想とする（図 5.33）．

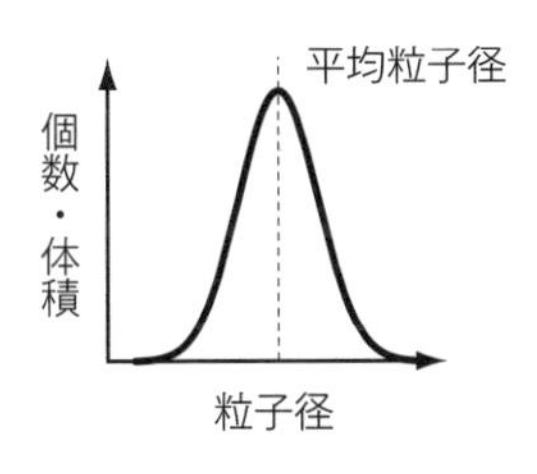

図 5.32　粒子径分布

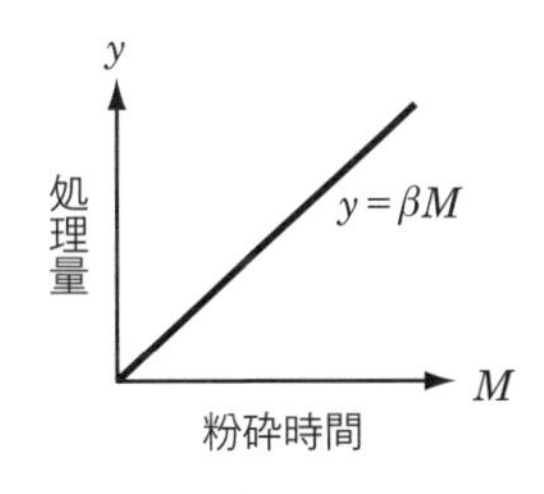

図 5.33　粉砕・分級技術の入出力関係

しかし，感度は入出力特性によって望ましい状態が変化し，図5.33の入出力特性では，感度は大きいほうがよい．

5.12.1　粉砕・分級技術のデータ形式とSN比，感度の計算

入力を3水準，誤差因子を2水準（N_1, N_2）としたとき，データの形式は表5.15になる．

表5.15　データ形式

	M_1	M_2	M_3
N_1	y_{11}	y_{12}	y_{13}
N_2	y_{21}	y_{22}	y_{23}

SN比ηと感度Sは，下記の手順で計算する．

有効序数　$r = {M_1}^2 + {M_2}^2 + {M_3}^2$

全変動　$S_T = {y_{11}}^2 + {y_{12}}^2 + {y_{13}}^2 + {y_{21}}^2 + {y_{22}}^2 + {y_{23}}^2$

線形式　$L_1 = M_1 y_{11} + M_2 y_{12} + M_3 y_{13}$　　$L_2 = M_1 y_{21} + M_2 y_{22} + M_3 y_{23}$

比例項の変動　$S_\beta = \dfrac{(L_1 + L_2)^2}{2r}$

比例項の差の変動　$S_{N\times\beta} = \dfrac{(L_1 - L_2)^2}{2r}$

誤差変動　$S_e = S_T - S_\beta - S_{N\times\beta}$

誤差分散　$V_e = \dfrac{S_e}{f}$

プールした誤差分散　$V_N = \dfrac{S_T - S_\beta}{f}$

SN比　$\eta = 10\log\dfrac{(S_\beta - V_e)/2r}{V_N}$

感度　$S = 10\log\dfrac{S_\beta - V_e}{2r}$

また，製品として粒子径分布の形状（シャープさ）が問題となる場合には，

粒子径分布から分散の値（標準偏差の2乗）を計算し，分布の形状を考慮した下記計算式でのSN比が有効である．

$$\text{SN 比}\quad \eta = 10\log\frac{(S_\beta - V_e)/2r}{V_N + V_{11} + V_{12} + V_{13} + V_{21} + V_{22} + V_{23}}$$

上記の計算式では，各実験から得られた粒子径分布の分散値（V_{11}～V_{23}）が分母に加えられており，各分散値が小さいとき，すなわち粒子径分布がシャープなときにSN比が大きくなる．

5.12.2　粉砕・分級技術の誤差因子

誤差因子としては，下記①～③があげられる．重要と考えられる誤差因子を選定し，調合（＋側最悪，－側最悪）するか，技術的な知見や知識がなく，調合できない場合には直交表に割り付けて実験する．

① 製造環境：気温，湿度

② 粉砕・分級装置の設定ばらつきや劣化

③ 材料の種類，配合

なお，上記の因子には，誤差因子ではなく，標示因子として利用されたものも含まれている．

5.13　塗 装 技 術

塗装は，樹脂や金属の表面に塗料を付着させ，防水，防錆の効果とともに，色彩面でのデザイン性も期待される技術であり，刷毛やスプレーのような手作業でできる身近なものから，ロールコーターや電着塗装といった大規模なものまで，様々な塗装システムが存在している．塗料の種類や塗装システムの違いによって，それぞれ特色のある入出力特性が研究，提案されているが，代表的なものを下記に紹介する．

＜入力特性＞	＜出力特性＞
① 塗料の吐出量（重量）	① 塗料の付着量（重量）

② 塗装時間　　② 塗装面積

③ 塗布回数　　③ 塗装厚さ

いずれの入出力特性を採用する場合でも，その関係は原点を通る直線となることが理想であり，感度は大きいことが望ましい（図5.34）.

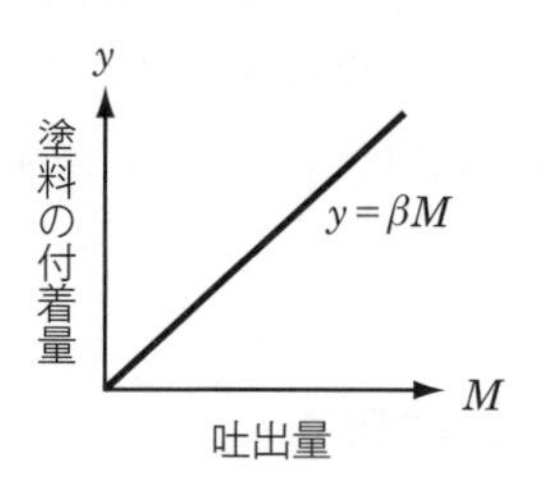

図5.34　塗装技術の入出力関係

5.13.1　塗装技術のデータ形式とSN比，感度の計算

入力を3水準，誤差因子を2水準（N_1, N_2）としたとき，データの形式は表5.16になる.

表5.16　データ形式

	M_1	M_2	M_3
N_1	y_{11}	y_{12}	y_{13}
N_2	y_{21}	y_{22}	y_{23}

SN比 η と感度 S は，下記の手順で計算する.

有効序数　$r=M_1^2+M_2^2+M_3^2$

全変動　$S_T=y_{11}^2+y_{12}^2+y_{13}^2+y_{21}^2+y_{22}^2+y_{23}^2$

線形式　$L_1=M_1y_{11}+M_2y_{12}+M_3y_{13}$　　$L_2=M_1y_{21}+M_2y_{22}+M_3y_{23}$

比例項の変動　$S_\beta=\dfrac{(L_1+L_2)^2}{2r}$

比例項の差の変動　$S_{N\times\beta}=\dfrac{(L_1-L_2)^2}{2r}$

誤差変動　$S_e=S_T-S_\beta-S_{N\times\beta}$

誤差分散　$V_e=\dfrac{S_e}{f}$

プールした誤差分散　$V_N=\dfrac{S_T-S_\beta}{f}$

SN 比　$\eta=10\log\dfrac{(S_\beta-V_e)/2r}{V_N}$

感度　$S=10\log\dfrac{S_\beta-V_e}{2r}$

5.13.2　塗装技術の誤差因子

誤差因子としては，下記①～⑤があげられる．重要と考えられる誤差因子を選定し，調合（＋側最悪，－側最悪）するか，技術的な知見や知識がなく，調合できない場合には直交表に割り付けて実験する．

①　塗装環境：気温，湿度

②　塗装装置の設定ばらつき

③　塗布材料の種類

④　塗装面の状態：形状，表面粗さ

⑤　塗装面の位置：中央，端

なお，上記の因子には，誤差因子ではなく，標示因子として利用されたものも含まれている．

5.14　射 出 成 形

射出成形は，ペレット状にしたプラスチックなどの樹脂を，軟化する温度にまで加熱し，射出圧を加えて金型に押込み，狙いの形状に成形する技術である．複雑な形状の製品でも，効率よく大量に生産できる，優れた成形技術である．

成型技術では，転写機能による形状（寸法，角度，表面粗さなど）の評価が一般的であるが，加工機能としての評価を行うことで，生産速度や生産量など，転写機能では評価が難しい生産効率（コスト）面での評価ができる．射出成型を加工機能とした場合の入出力特性を下記に紹介する．

＜入力特性＞	＜出力特性＞
① 射出時間	① 成形品重量
② 消費電力	② 成形品重量
③ 成型品重量	③ 消費電力

いずれの入出力特性を採用する場合でも，入出力の関係は原点を通る直線となることが理想である（図5.35）．感度は入出力特性の組合せで望ましい方向が決まる．図5.35では，大きいほうが望ましい．

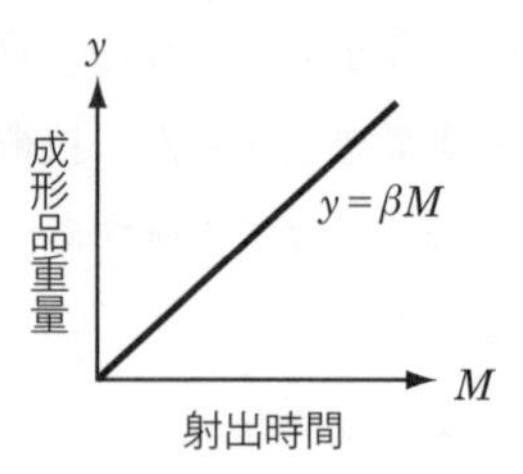

図5.35 射出成形の入出力関係

5.14.1 射出成形のデータ形式とSN比，感度の計算

入力を3水準，誤差因子を2水準（N_1, N_2）としたとき，データの形式は表5.17になる．

表5.17 データ形式

	M_1	M_2	M_3
N_1	y_{11}	y_{12}	y_{13}
N_2	y_{21}	y_{22}	y_{23}

SN比ηと感度Sは，下記の手順で計算する．

有効序数 $r = M_1^2 + M_2^2 + M_3^2$

全変動 $S_T = y_{11}^2 + y_{12}^2 + y_{13}^2 + y_{21}^2 + y_{22}^2 + y_{23}^2$

線形式 $L_1 = M_1 y_{11} + M_2 y_{12} + M_3 y_{13}$ $L_2 = M_1 y_{21} + M_2 y_{22} + M_3 y_{23}$

比例項の変動　$S_\beta=\dfrac{(L_1+L_2)^2}{2r}$

比例項の差の変動　$S_{N\times\beta}=\dfrac{(L_1-L_2)^2}{2r}$

誤差変動　$S_e=S_T-S_\beta-S_{N\times\beta}$

誤差分散　$V_e=\dfrac{S_e}{f}$

プールした誤差分散　$V_N=\dfrac{S_T-S_\beta}{f}$

SN 比　$\eta=10\log\dfrac{(S_\beta-V_e)/2r}{V_N}$

感度　$S=10\log\dfrac{S_\beta-V_e}{2r}$

5.14.2　射出成形の誤差因子

誤差因子としては下記①～⑥があげられる．重要と考えられる誤差因子を選定し，調合（＋側最悪，－側最悪）するか，技術的な知見や知識がなく，調合できない場合には直交表に割り付けて実験する．

① 材料の種類：物性値，再生品など

② ペレットの形状：大きさ，形など

③ 成形装置の設定ばらつき：温度，圧力など

④ 金型の形状

⑤ ゲートの位置

⑥ 金型内の場所（複数個の製品を同時に成型する金型の場合）

なお，上記の因子には，誤差因子ではなく，標示因子として利用されたものも含まれている．

第6章　保 形 機 能

6.1　保形機能とは

保形機能は，対象とするシステムに外部から力（荷重）が加えられたとき，その形状（寸法，角度など）を維持しようとする機能であり，主に構造物や筐体（フレーム），材料の評価に活用されている．

構造物や筐体の評価では，転写機能が利用できることを既に紹介したが，転写機能では外部からの力（荷重）をノイズ（誤差因子）としているのに対して，保形機能では，基本的にそれを入力（信号）として評価する．システム図では図 6.1 のように表される．

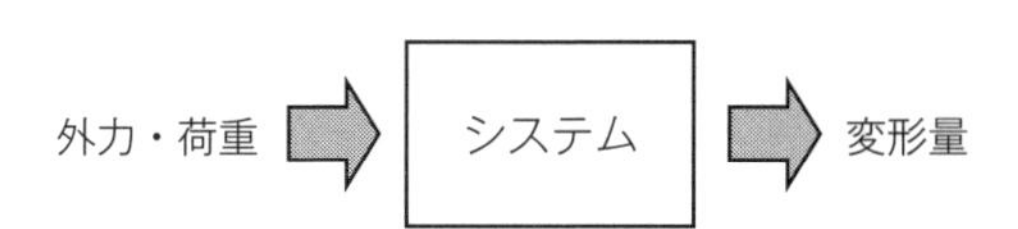

図 6.1　保形機能のシステム図

保形機能が適用されたシステムや技術には，下記①～⑥がある．

①　ばねの評価

②　筐体・構造物の評価（ケース，車体，複写機などのフレーム）

③　成型品の評価（射出成型，焼結，鋳造品，口紅など）

④　締結技術の評価（溶接，接着，ろう付け，かしめ技術）

⑤　押しボタンの感触評価

⑥　材料の評価（ゴム，樹脂材料，塗布膜，ガラス，金属，皮革製品，繊維など）

次節より，それぞれの入出力関係と誤差因子，SN 比や感度の計算手順など，具体的な活用方法とポイントについて紹介する．

6.2 ばねの評価

保形機能で評価する対象システムのうち，最もシンプルな製品がばねである．ばねには，コイルばねや板ばね，皿ばねなどの種類があるが，その特性はばねの変形量と，そのときに発生する力量（復元力，反力）で評価され，両者の関係はフックの法則として知られている．ばねの変形量をM，発生する力量をyとすると，両者の関係は，$y=\beta M$で表現される．傾きβは，ばねの設計値（形状，材質など）によって決まる係数で，ばね定数と呼ばれる．

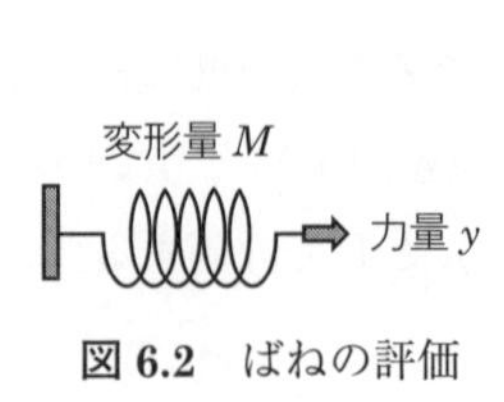

図 6.2　ばねの評価

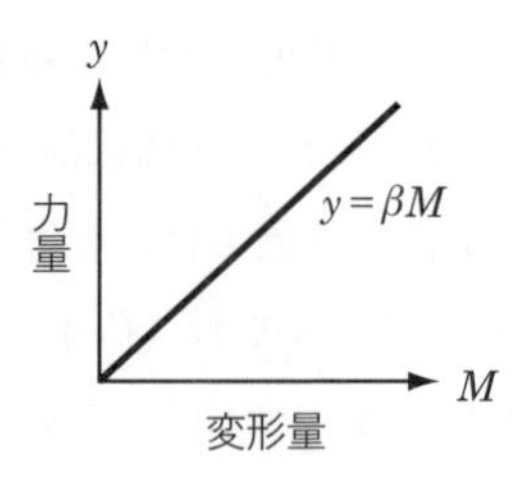

図 6.3　ばねの入出力関係

6.2.1 ばねの入出力特性とSN比，感度の計算

ばねの入出力特性は，フックの法則に従って変形量を入力，出力は力量とするのが一般的であるが，入出力を逆にして，荷重を加えながら変形量を評価してもよい．いずれのケースでも，図6.3のような原点を通る直線で表され，入力の広い範囲で直線性が維持されることが望ましい．

データの形式は，入力Mを3水準，誤差因子Nを2水準とすると表6.1になる．

表 6.1　データ形式

	M_1	M_2	M_3
N_1	y_{11}	y_{12}	y_{13}
N_2	y_{21}	y_{22}	y_{23}

SN比ηと感度Sは，下記の手順で計算する．

有効序数　$r=M_1^2+M_2^2+M_3^2$

全変動　$S_T = {y_{11}}^2 + {y_{12}}^2 + {y_{13}}^2 + {y_{21}}^2 + {y_{22}}^2 + {y_{23}}^2$

線形式　$L_1 = M_1 y_{11} + M_2 y_{12} + M_3 y_{13}$　　$L_2 = M_1 y_{21} + M_2 y_{22} + M_3 y_{23}$

比例項の変動　$S_\beta = \dfrac{(L_1 + L_2)^2}{2r}$

比例項の差の変動　$S_{N\times\beta} = \dfrac{(L_1 - L_2)^2}{2r}$

誤差変動　$S_e = S_T - S_\beta - S_{N\times\beta}$

誤差分散　$V_e = \dfrac{S_e}{f}$

プールした誤差分散　$V_N = \dfrac{S_T - S_\beta}{f}$

SN 比　$\eta = 10 \log \dfrac{(S_\beta - V_e)/2r}{V_N}$

感度　$S = 10 \log \dfrac{S_\beta - V_e}{2r}$

上記の式で計算される SN 比は，ばねの安定性の指標であり，大きな値になることが望ましい．一方，感度はばね定数であり，搭載されるシステムによって目標とする値が決まる．

また，製品によっては，フックの法則を理想としない，非線形な入出力特性を持つばねが求められる場合もある．クリック感のある押しボタンなどに使用される皿ばねなどがその代表であり，入出力関係は図 6.4 のようになる．このケースでは，標準 SN 比による評価が有効である．標準 SN 比による解析では，入力を 3 水準，誤差因子を 2 水準とすると，データの形式は表 6.2 になる．

N_0 は誤差因子を与えない条件，N_1 は＋側最悪条件，N_2 は－側最悪条件である．標準 SN 比とは，N_0 の値を計算上の入力として扱うことで，入出力関係における非線形成分を除外し，誤差因子の影響による傾き β の違いだけを，機能のばらつきとして評価するものである（図 6.5）．

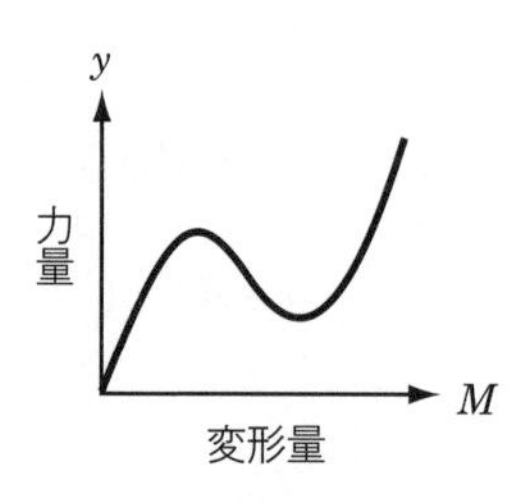

図 6.4　非線形なばねの入出力関係

表 6.2　標準 SN 比のデータ形式

	M_1	M_2	M_3
N_0	y_{01}	y_{02}	y_{03}
N_1	y_{11}	y_{12}	y_{13}
N_2	y_{21}	y_{22}	y_{23}

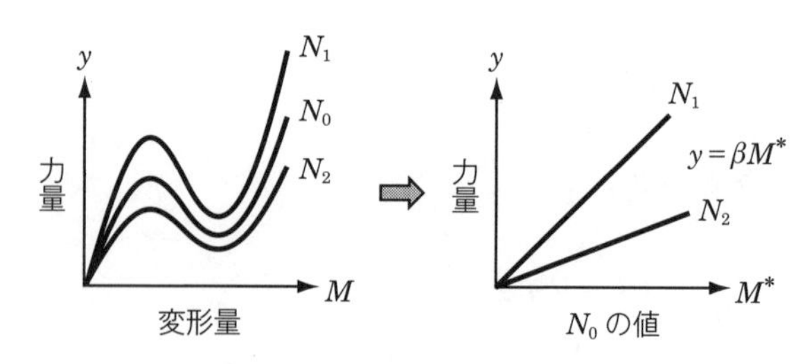

図 6.5　標準 SN 比の考え方

標準 SN 比 η は下記の手順で計算する．ただし，標準 SN 比の計算式に関しては，現在でも様々な議論があるので，ここでは計算例の一つとしてご理解いただきたい．

有効序数　$r = {y_{01}}^2 + {y_{02}}^2 + {y_{03}}^2$

全変動　$S_T = {y_{11}}^2 + {y_{12}}^2 + {y_{13}}^2 + {y_{21}}^2 + {y_{22}}^2 + {y_{23}}^2$

線形式　$L_1 = y_{01}y_{11} + y_{02}y_{12} + y_{03}y_{13}$　　$L_2 = y_{01}y_{21} + y_{02}y_{22} + y_{03}y_{23}$

比例項の変動　$S_\beta = \dfrac{(L_1 + L_2)^2}{2r}$

比例項の差の変動　$S_{N\times\beta} = \dfrac{(L_1 - L_2)^2}{2r}$

誤差変動　$S_e = S_T - S_\beta - S_{N\times\beta}$

誤差分散　$V_e = \dfrac{S_e}{f}$

プールした誤差分散　$V_N = \dfrac{S_T - S_\beta}{f}$

SN 比　$\eta = 10 \log \dfrac{S_\beta - V_e}{V_N}$

上記の式で計算される SN 比 η は，誤差因子に対する安定性を示す指標であり，大きな値になることが望ましい．

感度については，通常の計算手順で求めると，ほとんどゼロ（$\beta \fallingdotseq 1$）となり，評価特性としての意味はない．したがって，機能的に意味のある感度（ばね定数を表す）を求めるためには，入力 M を変形量，出力 y を N_0 条件での力量とした，0 点比例式の感度を下記の手順で計算する．

有効序数　$r = M_1^2 + M_2^2 + M_3^2$

全変動　$S_T = y_{01}^2 + y_{02}^2 + y_{03}^2$

線形式　$L_1 = M_1 y_{01} + M_2 y_{02} + M_3 y_{03}$

比例項の変動　$S_\beta = \dfrac{L_1^2}{r}$

誤差変動　$S_e = S_T - S_\beta$

誤差分散　$V_e = \dfrac{S_e}{f}$

感度　$S = 10 \log \dfrac{S_\beta - V_e}{r}$

また，誤差因子を設定しない N_0 条件での実験が，何らかの都合で実施できない場合には，N_1 と N_2 の実験のみを実施し，その平均値を簡易的に N_0 条件での実験データとして，計算に利用するケースもある．

さらに，変形量と力量に，目標とする理想的な曲線（値）が存在する場合は，目標とする値（力量）と，各実験での N_0 条件の力量を使って，直交展開による目標曲線への合わせ込みを行う．直交展開を実施する場合のデータ形式は表 6.3 になる．

変形量 M_1, M_2, M_3 に対する力量の目標値が y_1, y_2, y_3 であるとき，下記の

表 6.3　データ形式

変形量	M_1	M_2	M_3
目標とする力量の値	y_1	y_2	y_3
各実験での N_0 の値	y_{01}	y_{02}	y_{03}

手順で β_1, β_2 を計算し，β_1 を 1 に，β_2 をゼロに近づけることで，目標値への調整が可能となる．

線形式　$L_1 = y_1 y_{01} + y_2 y_{02} + y_3 y_{03}$

有効序数　$r_1 = {y_1}^2 + {y_2}^2 + {y_3}^2$　　$\beta_1 = \dfrac{L_1}{r_1}$

線形式　$L_2 = w_1 y_1 + w_2 y_2 + w_3 y_3$

有効序数　$r_2 = {w_1}^2 + {w_2}^2 + {w_3}^2$　　$\beta_2 = \dfrac{L_2}{r_2}$

$$w_i = y_i \left(y_i - \frac{K_3}{K_2} \right)$$

$$K_2 = \frac{{y_1}^2 + {y_2}^2 + {y_3}^2}{3} \qquad K_3 = \frac{{y_1}^3 + {y_2}^3 + {y_3}^3}{3}$$

上記の式から得られる β_1 の値は，目標値に対する実験値の傾きであり，$\beta_1 = 1$ が理想である．一方，β_2 は非線形成分の大きさであり，$\beta_2 = 0$ が望ましい．β_1, β_2 の調整は，それぞれの要因効果図を作成し，SN 比への影響が少ない因子を求めて実施する．

6.2.2　ばね評価の誤差因子

誤差因子は，ばねの機能を変化させる要因であり，主な誤差因子としては下記の①～③がある．

①　使用環境：気温，湿度，設置条件（方向，角度）など

②　劣化：繰り返し負荷，使用時間，ヒートサイクル，腐食など

③　製造条件：加工条件（温度，圧力など），材料の種類，形状ばらつき

（寸法，角度，曲率など）

重要と考えられる誤差因子を選定し，調合（＋側最悪，－側最悪）するか，技術的な知見や知識がなく，調合できない場合には直交表に割り付けて実験する．なお，上記の因子には，誤差因子ではなく，標示因子として利用されたものも含まれている．

6.3　筐体，構造物の評価

家や建物などの構造物，家電製品や自動車などの筐体・車体には，外部からの荷重や振動に対して変形が少なく，壊れない堅牢性が求められている．担当する技術者は，地震に強い家や，衝突事故でも人命が保たれる安全な車を設計しなければならないが，堅牢性や安全性の評価は，疲労試験や破壊試験になることが多く，様々な条件を考慮した実験には多大な時間とコストが必要になる．また，破壊試験は評価の精度に問題があり，破壊強度等の測定値に再現性を得られないことも多い．

保形機能の評価は，上記の課題に対する対処法である．保形機能では荷重に対する変形の仕方，変形過程を計測し，様々な誤差因子に対する変形の安定性を評価する．理想的な筐体や構造物は，変形量と力量の関係が直線的であり，誤差因子の影響が小さいと考える（図 6.6）．

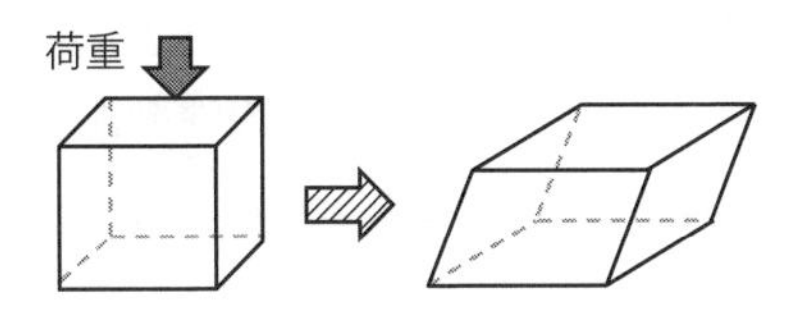

図 6.6　理想的な構造物は変形が安定している

そして，変形の安定性を確保した上で，変形量を目標値にチューニングする．変形量の目標値は，製品や対象システムによってそれぞれ決められるが，変形量が誤差因子の影響を受けて大きく変化するシステムでは，目標値への調整は困難なのである．

疲労試験や破壊試験は，保形機能による評価を実施し，変形の安定性確保と変形量を目標値にチューニングした後，最終製品の品質を確認するために行う，というのが品質工学の考え方である．

6.3.1　筐体，構造物評価の入出力特性とSN比，感度の計算

筐体や構造物の保形機能は，対象物を徐々に変形させて，応力や反力を計測するのが一般的である．したがって，入力Mを変形量，出力yを応力とすると，入出力の関係は，図6.7のような原点を通る直線で表される．

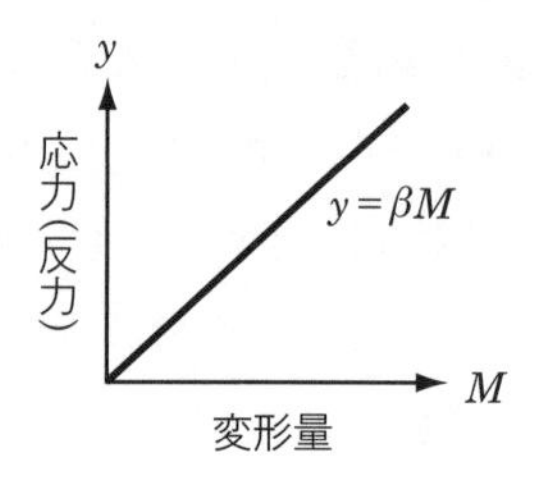

図6.7　筐体・構造物の入出力関係①

また，それとは逆に，荷重を徐々にかけながら，構造物の変形量を計測する場合もある．この場合には，荷重を増やす方向と減らす方向の実験を一連の動作として行い，両方向の計測値を使って保形機能を評価する．このケースでは，多くの場合，入出力特性が図6.8のようなヒステリシスを描くので，荷重のかけ方（増・減）を誤差因子にしてもよい．

いずれのケースでも，入力の広い範囲で直線性を維持するのが理想であり，入力Mを3水準，誤差因子Nを2水準とすると，データの形式は表6.4になる．

SN比ηと感度Sは，下記の手順で計算する．

有効序数　$r = M_1{}^2 + M_2{}^2 + M_3{}^2$

全変動　$S_T = y_{11}{}^2 + y_{12}{}^2 + y_{13}{}^2 + y_{21}{}^2 + y_{22}{}^2 + y_{23}{}^2$

線形式　$L_1 = M_1 y_{11} + M_2 y_{12} + M_3 y_{13}$　　$L_2 = M_1 y_{21} + M_2 y_{22} + M_3 y_{23}$

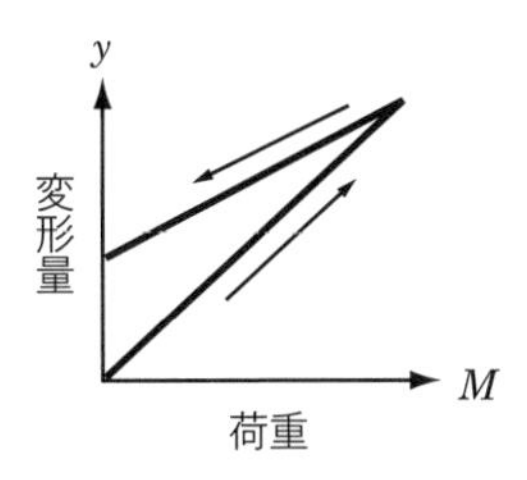

図 6.8 筐体・構造物の入出力関係②

表 6.4 データ形式

	M_1	M_2	M_3
N_1	y_{11}	y_{12}	y_{13}
N_2	y_{21}	y_{22}	y_{23}

比例項の変動 $S_\beta=\dfrac{(L_1+L_2)^2}{2r}$

比例項の差の変動 $S_{N\times\beta}=\dfrac{(L_1-L_2)^2}{2r}$

誤差変動 $S_e=S_T-S_\beta-S_{N\times\beta}$

誤差分散 $V_e=\dfrac{S_e}{f}$

プールした誤差分散 $V_N=\dfrac{S_T-S_\beta}{f}$

SN 比 $\eta=10\log\dfrac{(S_\beta-V_e)/2r}{V_N}$

感度 $S=10\log\dfrac{S_\beta-V_e}{2r}$

SN 比の値は大きくなることが望ましいが，感度は目標値に調整する．

また，これらの評価は，荷重のかけ方がゆっくり（静的）であるが，自動車や列車の車体のように，衝突や振動に対する変形が問題になる場合は，上記の評価とともに，瞬間的な衝撃力に対する変形量の評価が重要になる．

このようなケースでは，衝突速度を入力 M，衝突時の変形量を出力 y として評価する．入出力の関係は，図 6.9 のような曲線になり，標準 SN 比での解析が望ましい．

標準 SN 比による解析では，入力を 3 水準，誤差因子を 2 水準とすると，

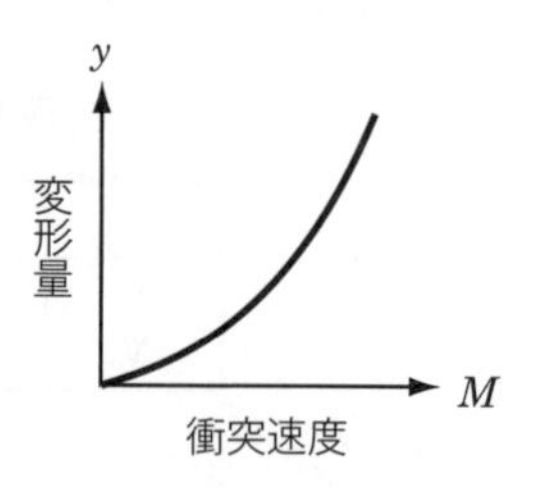

図 6.9　管体・構造物の入出力関係③

データの形式は表 6.5 のようになる．N_0 は誤差因子を与えない条件，N_1 は＋側最悪条件，N_2 は－側最悪条件である（図 6.10）．

表 6.5　データ形式

	M_1	M_2	M_3
N_0	y_{01}	y_{02}	y_{03}
N_1	y_{11}	y_{12}	y_{13}
N_2	y_{21}	y_{22}	y_{23}

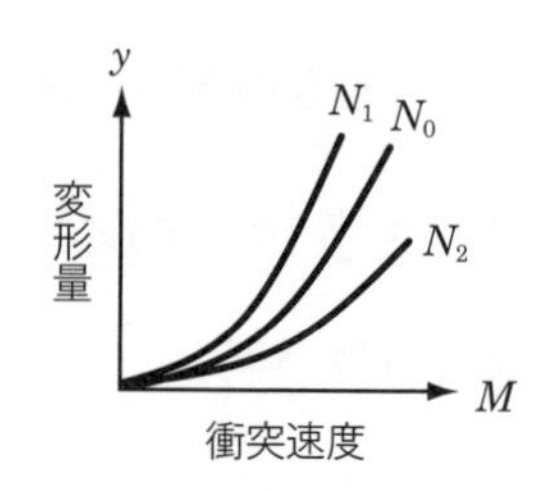

図 6.10　表 6.5 のグラフ

標準 SN 比 η は下記の手順で計算する．ただし，標準 SN 比の計算式に関しては，現在でも様々な議論があるので，ここでは計算例の一つとしてご理解いただきたい．

有効序数　$r = {y_{01}}^2 + {y_{02}}^2 + {y_{03}}^2$

全変動　$S_T = {y_{11}}^2 + {y_{12}}^2 + {y_{13}}^2 + {y_{21}}^2 + {y_{22}}^2 + {y_{23}}^2$

線形式　$L_1 = y_{01}y_{11} + y_{02}y_{12} + y_{03}y_{13}$　　$L_2 = y_{01}y_{21} + y_{02}y_{22} + y_{03}y_{23}$

比例項の変動　$S_\beta = \dfrac{(L_1 + L_2)^2}{2r}$

比例項の差の変動　$S_{N\times\beta} = \dfrac{(L_1 - L_2)^2}{2r}$

誤差変動　$S_e = S_T - S_\beta - S_{N\times\beta}$

誤差分散　$V_e = \dfrac{S_e}{f}$

プールした誤差分散　$V_N = \dfrac{S_T - S_\beta}{f}$

SN 比　$\eta = 10\log\dfrac{S_\beta - V_e}{V_N}$

上記の手順で計算される SN 比 η は，誤差因子に対する安定性を示す指標であり，大きな値になることが望ましい．感度については，通常の計算手順で求めると，ほとんどゼロ（$\beta \fallingdotseq 1$）となり，評価特性としての意味はない．したがって，機能的に意味のある感度を求めるためには，入力 M を衝突速度，出力 y を N_0 条件での変形量とした 0 点比例式の感度を下記の手順で計算する．

有効序数　$r = M_1^2 + M_2^2 + M_3^2$

全変動　$S_T = y_{01}^2 + y_{02}^2 + y_{03}^2$

線形式　$L_1 = M_1 y_{01} + M_2 y_{02} + M_3 y_{03}$

比例項の変動　$S_\beta = \dfrac{L_1^2}{r}$

誤差変動　$S_e = S_T - S_\beta$

誤差分散　$V_e = \dfrac{S_e}{f}$

感度　$S = 10\log\dfrac{S_\beta - V_e}{r}$

6.3.2　筐体・構造物評価の誤差因子

誤差因子は，保形機能をばらつかせる要因であり，構造物の使用環境，筐体各部の設計値や使用する材料の物性値などから抽出する．主な誤差因子としては，下記のものがある．

①　使用条件：荷重の方向（角度，増減），構造物設置面の傾斜，気温，湿

度など

② 劣化：繰り返し荷重，ヒートサイクル，摩耗など

③ 材料・部材関連：測定点（筐体や構造物の変形を測定する場所），柱や板金の設計値（寸法や形状），組付けの順序，組立てばらつき，材料の種類や物性値など

重要と考えられる誤差因子を選定し，応力や変形量が増加する方向と，減少する方向に調合（＋側最悪，－側最悪）するか，技術的な知見や知識がなく，調合できない場合には直交表に割り付けて実験する．なお，上記の因子には，誤差因子ではなく，標示因子として利用されたものも含まれている．

6.4 成形品の評価

射出成形や鋳造による製品（成形品）は，転写機能によって外観形状（寸法や角度）のみならず，内部構造の状態も評価できることを紹介した．しかし，成型品の内部構造については，保形機能のほうがより優れた評価方法である．これは，評価に利用する特性値の違いによる．転写機能では重量や容積を特性値としているのに対して，保形機能では荷重（入力）に対する変形量（出力）を特性値としている．かけられた荷重は，成型品のすみずみまで均一に伝わるので，内部構造が均質な成形品では，変形量が均一になり，荷重と変形量の関係が直線になる（図6.11）．一方，内部に空洞や亀裂などの欠陥がある成形品では，荷重に対する変形量が部分的に異なるため，直線性に乱れが生じる（図6.12）．この違いを重量や容積で捉えるのは難しい．成型品の出来栄えを評価するときには，外観形状は転写機能，内部構造は保形機能で評価することを推

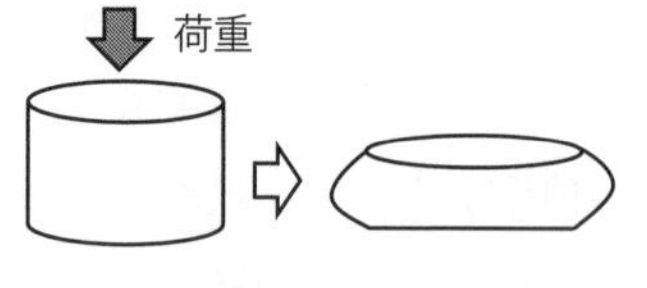

図6.11 内部が均一な成形品の変形イメージ

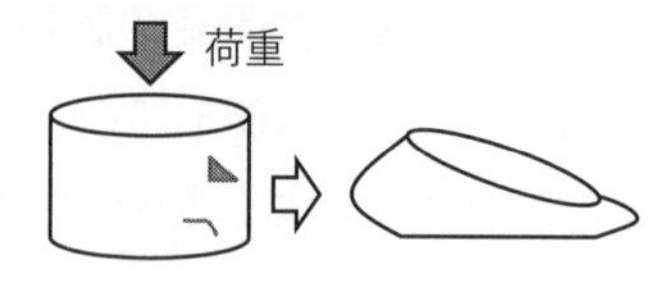

図6.12 欠陥構造のある成形品の変形イメージ

奨する．

6.4.1　成形品評価の入出力特性と SN 比，感度の計算

成型品の保形機能評価では，入力 M として荷重，出力 y を変形量とするのが一般的である．成形品にかける荷重を徐々に変化させて変形量を計測する．入出力関係は，直線になることが理想であり，入力の広い範囲で直線性を維持することが望ましい（図 6.13）．

データの形式は，入力 M を 3 水準，誤差因子 N を 2 水準とすると表 6.6 になる．

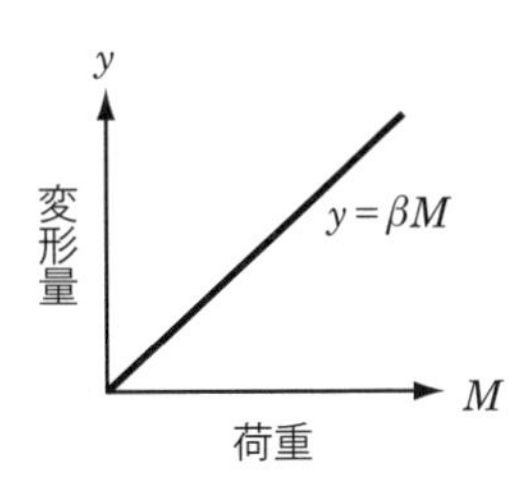

図 6.13　成形品評価の入出力関係①

表 6.6　データ形式

	M_1	M_2	M_3
N_1	y_{11}	y_{12}	y_{13}
N_2	y_{21}	y_{22}	y_{23}

SN 比 η と感度 S は，下記の手順で計算する．

有効序数　$r = M_1^2 + M_2^2 + M_3^2$

全変動　$S_T = y_{11}^2 + y_{12}^2 + y_{13}^2 + y_{21}^2 + y_{22}^2 + y_{23}^2$

線形式　$L_1 = M_1 y_{11} + M_2 y_{12} + M_3 y_{13}$　　$L_2 = M_1 y_{21} + M_2 y_{22} + M_3 y_{23}$

比例項の変動　$S_\beta = \dfrac{(L_1 + L_2)^2}{2r}$

比例項の差の変動　$S_{N\times\beta} = \dfrac{(L_1 - L_2)^2}{2r}$

誤差変動　$S_e = S_T - S_\beta - S_{N\times\beta}$

誤差分散　$V_e = \dfrac{S_e}{f}$

プールした誤差分散　$V_N=\dfrac{S_T-S_\beta}{f}$

SN比　$\eta=10\log\dfrac{(S_\beta-V_e)/2r}{V_N}$

感度　$S=10\log\dfrac{S_\beta-V_e}{2r}$

SN比の値は大きくなることが望ましいが，感度は目標値に調整する．

また，荷重をかける面積を第2の入力として評価する方法もある．面積をS，荷重の大きさをKとすると，入出力関係は図6.14のように表される．面積を変えて評価することで，評価精度は向上する．

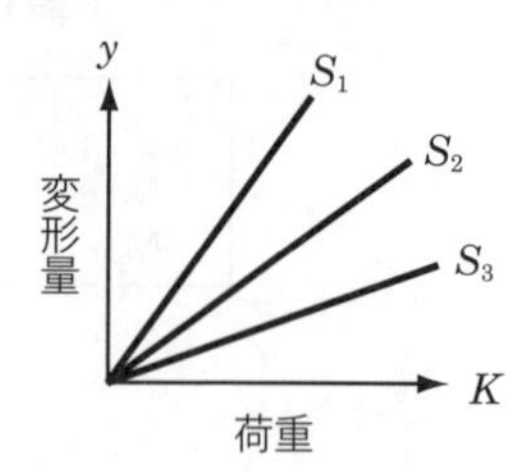

図 6.14　成形品評価の入出力関係②

データの形式は，荷重Kを3水準，面積Sを3水準として，誤差因子Nを2水準とした場合，表6.7のようになる．

表 6.7　データ形式

	K_1			K_2			K_3		
	S_1	S_2	S_3	S_1	S_2	S_3	S_1	S_2	S_3
N_1	y_{11}	y_{12}	y_{13}	y_{14}	y_{15}	y_{16}	y_{17}	y_{18}	y_{19}
N_2	y_{21}	y_{22}	y_{23}	y_{24}	y_{25}	y_{26}	y_{27}	y_{28}	y_{29}

表6.7のデータから，SN比ηと感度Sを計算する手順を説明する．計算に際しては，二つの入力KとSを割り算した値Mを，入力として計算する．K_1/S_1をM_1，K_1/S_2をM_2とすると，入力Mの水準は，M_1～M_9の9水準となる．

有効序数　$r = M_1^2 + M_2^2 + M_3^2 + \cdots + M_8^2 + M_9^2$

全変動　$S_T = y_{11}^2 + y_{12}^2 + y_{13}^2 + \cdots + y_{28}^2 + y_{29}^2$

線形式　$L_1 = M_1 y_{11} + M_2 y_{12} + M_3 y_{13} + \cdots + M_8 y_{18} + M_9 y_{19}$

$L_2 = M_1 y_{21} + M_2 y_{22} + M_3 y_{23} + \cdots + M_8 y_{28} + M_9 y_{29}$

比例項の変動　$S_\beta = \dfrac{(L_1 + L_2)^2}{2r}$

比例項の差の変動　$S_{N\times\beta} = \dfrac{(L_1 - L_2)^2}{2r}$

誤差変動　$S_e = S_T - S_\beta - S_{N\times\beta}$

誤差分散　$V_e = \dfrac{S_e}{f}$

プールした誤差分散　$V_N = \dfrac{S_T - S_\beta}{f}$

SN 比　$\eta = 10\log\dfrac{(S_\beta - V_e)/2r}{V_N}$

感度　$S = 10\log\dfrac{S_\beta - V_e}{2r}$

6.4.2　成形品評価の誤差因子

誤差因子は，成型品の保形機能をばらつかせる要因であり，成形工程（装置条件）や材料，使用環境などから抽出する．主な誤差因子としては，下記のものがある．

①　成形品の使用環境：使用時の気温，湿度，荷重の方向（角度），振動，曲げ応力など

②　劣化：繰り返し荷重，ヒートサイクル

③　成形装置や材料のばらつき：成形装置の条件（加工速度，成形圧力，加熱温度など），材料の種類，配合など

重要と考えられる誤差因子を選定し，変形量が大きくなる条件と小さくなる

条件に調合（＋側最悪，－側最悪）するか，技術的な知見や知識がなく，調合できない場合には直交表に割り付けて実験する．なお，上記の因子には，誤差因子ではなく，標示因子として利用されたものも含まれている．

6.5　材料の評価

保形機能による材料の評価は，内部構造の均一性判断に有効である．従来，材料の内部構造の評価では，含有成分の分析や，切断して切り口の状態を顕微鏡などで調べることが多かったが，いずれの方法も材料の部分的な評価になるため，評価の精度に問題があった．一方，保形機能による評価では，かけられた荷重が材料全体に伝わるので，あらゆる部分の構造状態を精度よく評価できる．

材料に荷重をかけると，内部構造が均一なものは，荷重の広い範囲で変形量が直線になる（図6.15）．しかし，内部に亀裂，空洞，材料密度の違いなど，不均一な部分があると，荷重に対する変形量に部分的な違いが出るため，両者の関係が直線性を維持できない（図6.16）．この違いを利用するのが，保形機能による材料評価である．評価対象となる材料には，ゴム，樹脂，ガラス，金属のほか，様々な種類の材料が含まれている複合系材料，皮革製品，糸や生地などの繊維製品の評価も可能であり，材料関連の技術開発には欠かせない評価手法の一つとなっている．

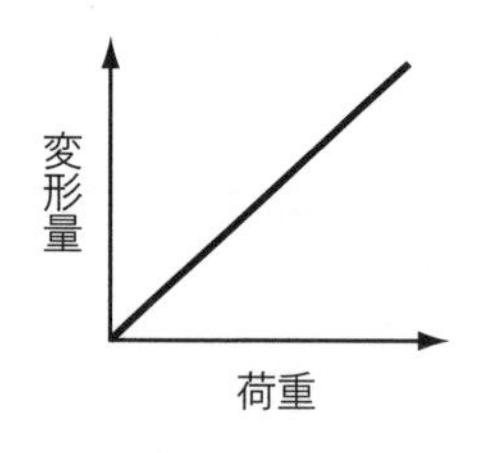

図6.15　内部構造が均一な材料

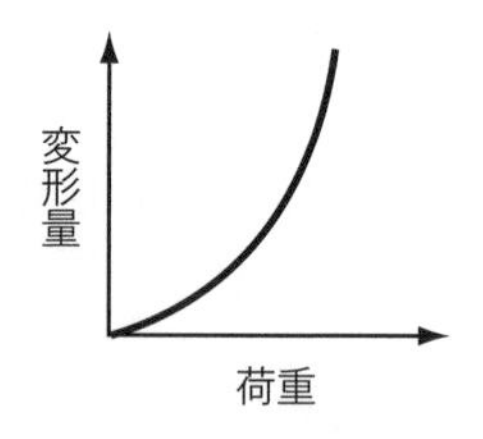

図6.16　内部構造が不均一な材料

6.5.1　材料評価の入出力特性と SN 比，感度の計算

材料の評価では，荷重を加えながら変形量を計測することが一般的であるため，荷重を入力 M，変形量を出力 y として評価することが多い．しかし，場合によっては入出力関係を逆に設定しても問題はない．いずれのケースでも，図 6.17 のような原点を通る直線で表され，入力 M の広い範囲で直線性が維持されることが望ましい．

データの形式は，入力 M を 3 水準，誤差因子 N を 2 水準とすると表 6.8 になる．

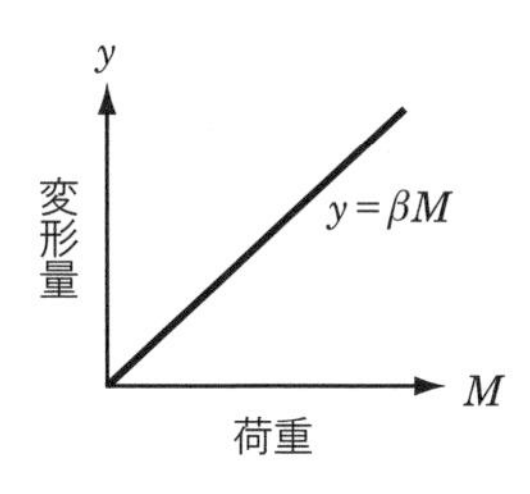

図 6.17　材料評価の入出力関係

表 6.8　データ形式

	M_1	M_2	M_3
N_1	y_{11}	y_{12}	y_{13}
N_2	y_{21}	y_{22}	y_{23}

SN 比 η と感度 S は，下記の手順で計算する．

有効序数　$r = M_1^2 + M_2^2 + M_3^2$

全変動　$S_T = y_{11}^2 + y_{12}^2 + y_{13}^2 + y_{21}^2 + y_{22}^2 + y_{23}^2$

線形式　$L_1 = M_1 y_{11} + M_2 y_{12} + M_3 y_{13}$　　$L_2 = M_1 y_{21} + M_2 y_{22} + M_3 y_{23}$

比例項の変動　$S_\beta = \dfrac{(L_1 + L_2)^2}{2r}$

比例項の差の変動　$S_{N\times\beta} = \dfrac{(L_1 - L_2)^2}{2r}$

誤差変動　$S_e = S_T - S_\beta - S_{N\times\beta}$

誤差分散　$V_e = \dfrac{S_e}{f}$

プールした誤差分散　$V_N = \dfrac{S_T - S_\beta}{f}$

$$\text{SN比} \quad \eta = 10\log\frac{(S_\beta - V_e)/2r}{V_N}$$

$$\text{感度} \quad S = 10\log\frac{S_\beta - V_e}{2r}$$

上記の式で計算されるSN比は，材料内部の構造均一性を表す指標であり，大きな値になることが望ましい．一方，感度は材料の硬さや強度に関連する数値であり，材料によって目標値がある．

基本的な入出力関係とSN比及び感度の計算は上記の手順でよいが，材料の保形機能では荷重をかける面積（材料の厚みや長さでもよい）を第2の入力として評価する方法を推奨する．二つの入力を設定することで，評価の精度が向上するだけでなく，材料を製造する技術の評価も同時に調べることができる．入出力関係は，図6.18のようになる．

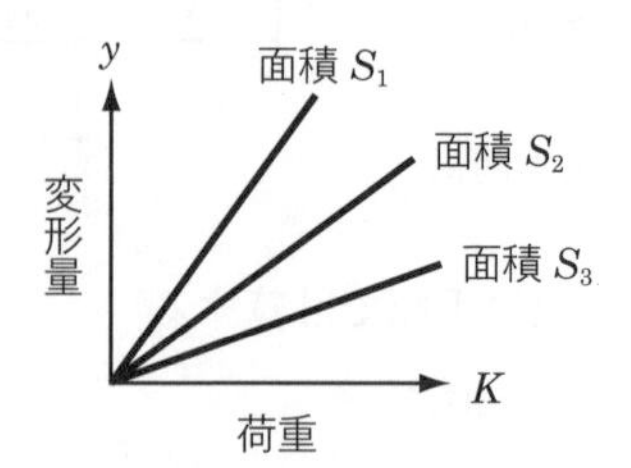

図6.18 面積を考慮した入出力関係

入力1に荷重Kを3水準，入力2として面積Sを3水準，誤差因子を2水準とした場合のデータ形式は表6.9となる．

表6.9 データ形式

	K_1			K_2			K_3		
	S_1	S_2	S_3	S_1	S_2	S_3	S_1	S_2	S_3
N_1	y_{11}	y_{12}	y_{13}	y_{14}	y_{15}	y_{16}	y_{17}	y_{18}	y_{19}
N_2	y_{21}	y_{22}	y_{23}	y_{24}	y_{25}	y_{26}	y_{27}	y_{28}	y_{29}

表6.9のデータから，SN比ηと感度Sを計算する手順を説明する．計算に際しては，二つの入力KとSを割り算した値Mを，計算上の入力として利用

する．K_1/S_1 を M_1，K_1/S_2 を M_2 とすると，入力 M の水準は，M_1～M_9 の 9 水準となる．

有効序数　$r = M_1{}^2 + M_2{}^2 + M_3{}^2 + \cdots + M_8{}^2 + M_9{}^2$

全変動　$S_T = y_{11}{}^2 + y_{12}{}^2 + y_{13}{}^2 + \cdots + y_{28}{}^2 + y_{29}{}^2$

線形式　$L_1 = M_1 y_{11} + M_2 y_{12} + M_3 y_{13} + \cdots + M_8 y_{18} + M_9 y_{19}$

$L_2 = M_1 y_{21} + M_2 y_{22} + M_3 y_{23} + \cdots + M_8 y_{28} + M_9 y_{29}$

比例項の変動　$S_\beta = \dfrac{(L_1 + L_2)^2}{2r}$

比例項の差の変動　$S_{N\times\beta} = \dfrac{(L_1 - L_2)^2}{2r}$

誤差変動　$S_e = S_T - S_\beta - S_{N\times\beta}$

誤差分散　$V_e = \dfrac{S_e}{f}$

プールした誤差分散　$V_N = \dfrac{S_T - S_\beta}{f}$

SN 比　$\eta = 10\log\dfrac{(S_\beta - V_e)/2r}{V_N}$

感度　$S = 10\log\dfrac{S_\beta - V_e}{2r}$

6.5.2　材料評価の誤差因子

誤差因子は，材料の内部構造を変化させる要因であり，主な誤差因子としては下記の①～④がある．

① 使用環境：気温，湿度

② 荷重のかけ方：方向，角度，種類（静的，動的），波形の種類（矩形，のこぎり），速度など

③ 劣化：繰り返し負荷（荷重），保管条件，ヒートサイクル，振動，光(紫外線等)，腐食など

④　製造条件：加工装置の条件（材料の投入量，速度，加熱温度，圧力など），材料の種類や配合比率など

重要と考えられる誤差因子を選定し，調合（＋側最悪，－側最悪）するか，技術的な知見や知識がなく，調合できない場合には直交表に割り付けて実験する．なお，上記の因子には，誤差因子ではなく，標示因子として利用されたものも含まれている．

6.5.3　材料評価のポイント

保形機能による材料の内部構造評価では，材料の各部分に均等な荷重をかけることが重要なポイントであり，評価対象となる材料の種類や形状，使用目的によって，荷重のかけ方や変形量の計測方法に工夫が必要である．ここでは，研究論文等で紹介されている方法の中から，代表的な試験方法を幾つか紹介する．

(a)　圧縮試験による評価　評価対象の材料に，圧縮荷重をかけて変形量を評価する方法．圧縮荷重が材料の各部分に均等にかかるよう，材料の形状を精度よく成型することが必要．特に上下面の平行性と平滑性が変化量の計測精度に大きく寄与する（図 6.19）．材料の大きさ，面積を変えて評価することも有効である．

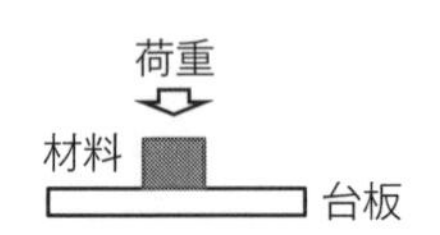

図 6.19　面積を考慮した入出力関係

(b)　曲げ試験による評価　評価対象の材料に，曲げ荷重をかけて変形量を評価する方法．材料の支持方法として，片持ちと両端支持の二とおりがある（図 6.20，図 6.21）．圧縮と同様に，材料の形状（長さ，厚さ）は精度よく成型し，評価ではそれらを変化させて，変形量を計測する．

(c)　引張試験による評価　対象とする材料に，引張荷重をかけて変形量を

図 6.20　曲げ試験による評価　片持ち

図 6.21　曲げ試験による評価　両端支持

評価する方法．板状の金属や樹脂，ゴム材料，繊維の評価に利用されることが多い．引張荷重の評価では，材料を固定する部分の精度と安定性が要求される．他の方法と同様に，材料の長さや幅を変えた評価が有効である(図 6.22)．

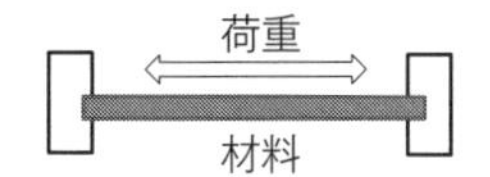

図 6.22　引張試験による評価

いずれの方法にも言えることであるが，材料評価では荷重や変形量の上限値（測定範囲）の設定が重要になる．具体的には，下記の二つの方法がある．

①　材料が持つ弾性変形の領域のみで評価

②　塑性変形の領域も含めて評価

弾性変形の領域とは，荷重と変形量の関係が直線性を維持している領域であり，この領域内では荷重を取り除く（ゼロにする）と，変形量もゼロとなり，材料はもとの形状に戻ることができる．

一方，塑性変形の領域では直線性がなく，この領域で荷重を取り除いても変形量はゼロにならず（永久ひずみ），元の形状に戻ることはない．弾性領域から塑性領域に変わる点（荷重）が降伏点であり，材料の硬さや強度を表す特性値の一つである（図 6.23）．

一般的に，塑性変形の領域は測定条件や外部環境の影響を受けて，測定値にばらつきが生じやすいことから，保形機能の評価では誤差因子を十分に考慮した上で，弾性領域のみで行うのがよい，という考え方がある．しかし，塑性領域まで広げたほうが，内部構造の微妙な違い（亀裂や空隙など）を精度よく評価できる，という研究報告もあることから，どちらの方法を選択するかは技術

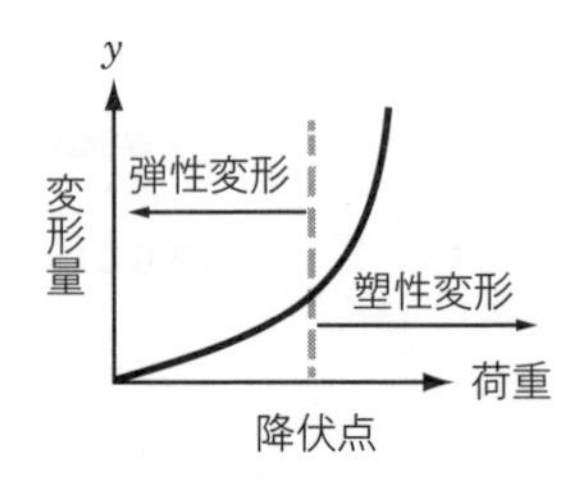

図 6.23　荷重と変形量の関係

者が決めるべき，というのが現在の状況である．評価用のサンプルが十分に準備できるのであれば，計測そのものにはそれほどの時間を要さないので，両方の評価を実施することを推奨する．

6.6　接合技術の評価

接合技術には，溶接や溶着，接着，ボルト締め，かしめなど，様々な工法があるが，いずれも複数個の部材を一体化するときに利用する加工技術である．したがって，加工機能での評価が一般的であるが，ここでは，保形機能による評価について説明する．

両者の違いを入出力特性で表現すると，加工機能では，熱量や圧力などの締結エネルギーを入力として評価するのに対して，保形機能では締結された製品の状態，締結の結果を，外力に対する変形量で評価する．言い換えると，締結の過程，工程を評価するのが加工機能，締結された製品の状態，出来栄えを評価するのが保形機能ということになる．締結された部分の均一性を評価することができる．両者の違いを正しく認識し，状況に応じて使い分けることが重要である．

6.6.1　接合技術の入出力特性と SN 比，感度の計算

接合技術の保形機能は，接合された部分に外力をかけて変形させ，外力の大きさと変形量の関係を調べる．外力をかける方法としては，引張や剝(は)がし，曲

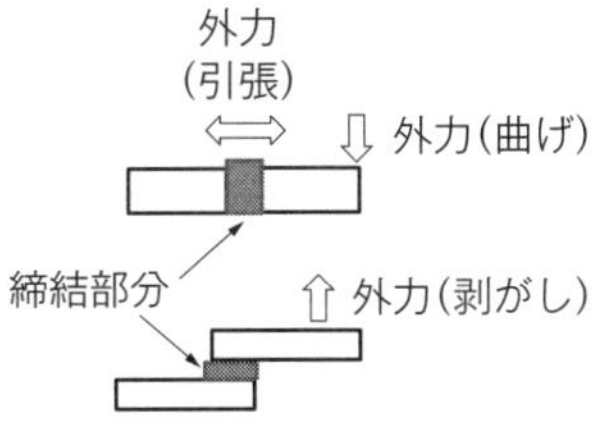

図 6.24　接合技術の評価

げなどがある（図 6.24）.

いずれの方法でも，接合部分の状態が均一であれば，外力と変形量の関係は直線となり，不均一な状態であれば直線が維持されない．したがって，入力 M を外力，出力 y を変形量とすると，入出力の関係は図 6.25 のような原点を通る直線で表され，入力 M の広い範囲で直線性が維持されることが理想である．

データの形式は，入力 M を 3 水準，誤差因子 N を 2 水準とすると表 6.10 になる．

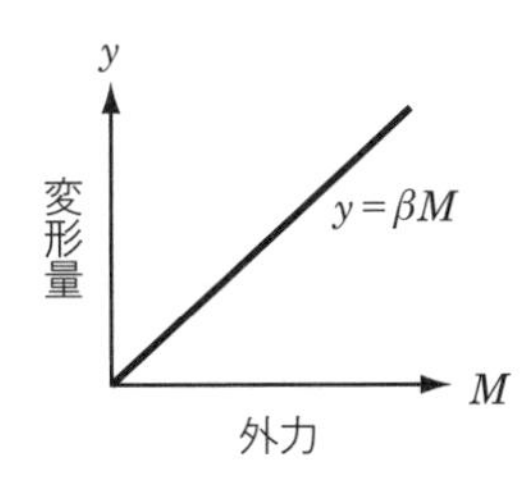

図 6.25　接合技術の入出力関係

表 6.10　データ形式

	M_1	M_2	M_3
N_1	y_{11}	y_{12}	y_{13}
N_2	y_{21}	y_{22}	y_{23}

SN 比 η と感度 S は，下記の手順で計算する．

有効序数　$r = M_1^2 + M_2^2 + M_3^2$

全変動　$S_T = y_{11}^2 + y_{12}^2 + y_{13}^2 + y_{21}^2 + y_{22}^2 + y_{23}^2$

線形式　$L_1 = M_1 y_{11} + M_2 y_{12} + M_3 y_{13}$　　$L_2 = M_1 y_{21} + M_2 y_{22} + M_3 y_{23}$

比例項の変動　$S_\beta = \dfrac{(L_1 + L_2)^2}{2r}$

比例項の差の変動　$S_{N\times\beta}=\dfrac{(L_1-L_2)^2}{2r}$

誤差変動　$S_e=S_T-S_\beta-S_{N\times\beta}$

誤差分散　$V_e=\dfrac{S_e}{f}$

プールした誤差分散　$V_N=\dfrac{S_T-S_\beta}{f}$

SN比　$\eta=10\log\dfrac{(S_\beta-V_e)/2r}{V_N}$

感度　$S=10\log\dfrac{S_\beta-V_e}{2r}$

SN比は大きな値になることが望ましく，感度は製品やシステムによって目標値が存在する．

また，接合部分の面積や長さを第2の入力として実験することで，加工工程の評価も加わり，評価精度が向上する．入力1に荷重Kを3水準，入力2として接合部分の面積Sを3水準，誤差因子を2水準とした場合のデータ形式は表6.11になる．

表6.11　データ形式

	K_1			K_2			K_3		
	S_1	S_2	S_3	S_1	S_2	S_3	S_1	S_2	S_3
N_1	y_{11}	y_{12}	y_{13}	y_{14}	y_{15}	y_{16}	y_{17}	y_{18}	y_{19}
N_2	y_{21}	y_{22}	y_{23}	y_{24}	y_{25}	y_{26}	y_{27}	y_{28}	y_{29}

表6.11のデータから，SN比ηと感度Sを計算する手順を説明する．計算に際しては，二つの入力KとSを割り算した値Mを，計算上の入力として利用する．K_1/S_1をM_1，K_1/S_2をM_2とすると，入力Mの水準は，M_1～M_9の9水準となる．

有効序数　$r=M_1^2+M_2^2+M_3^2+\cdots+M_8^2+M_9^2$

全変動　$S_T=y_{11}^2+y_{12}^2+y_{13}^2+\cdots+y_{28}^2+y_{29}^2$

線形式　$L_1 = M_1 y_{11} + M_2 y_{12} + M_3 y_{13} + \cdots + M_8 y_{18} + M_9 y_{19}$

$L_2 = M_1 y_{21} + M_2 y_{22} + M_3 y_{23} + \cdots + M_8 y_{28} + M_9 y_{29}$

比例項の変動　$S_\beta = \dfrac{(L_1 + L_2)^2}{2r}$

比例項の差の変動　$S_{N\times\beta} = \dfrac{(L_1 - L_2)^2}{2r}$

誤差変動　$S_e = S_T - S_\beta - S_{N\times\beta}$

誤差分散　$V_e = \dfrac{S_e}{f}$

プールした誤差分散　$V_N = \dfrac{S_T - S_\beta}{f}$

SN 比　$\eta = 10\log\dfrac{(S_\beta - V_e)/2r}{V_N}$

感度　$S = 10\log\dfrac{S_\beta - V_e}{2r}$

次に，接合技術に特有の評価方法を紹介する．これは，同じ材料を接合するとき，特に溶接や溶着のように，接合部分の材料を溶かして一体化する場合に有効な評価手法である．

溶接や溶着により一体化された製品には，外部からの様々なストレス（外力，誤差因子）に対する強靭性が期待されるが，その目標値は，一体化前の材料（母材と呼ぶことにする）が保有していた数値，特性値と考える．母材より強靭になるのは機能過剰，弱くなるのは機能不足である．すなわち，接合加工の前後で，保形機能に変化のないことを理想とする考え方である．

この考え方に基づいた評価手順を説明する．まず，母材の保形機能を誤差因子は考慮せず，標準条件で曲げや引張試験による評価を実施し，これを N_0 条件でのデータとする（図 6.26）．次に，溶接等で接合後の製品（材料は母材と同じ）の保形機能を評価する．このときは誤差条件 N_1, N_2 を設定して評価する（図 6.27）．計測されたデータをグラフにすると図 6.28 のようになる．な

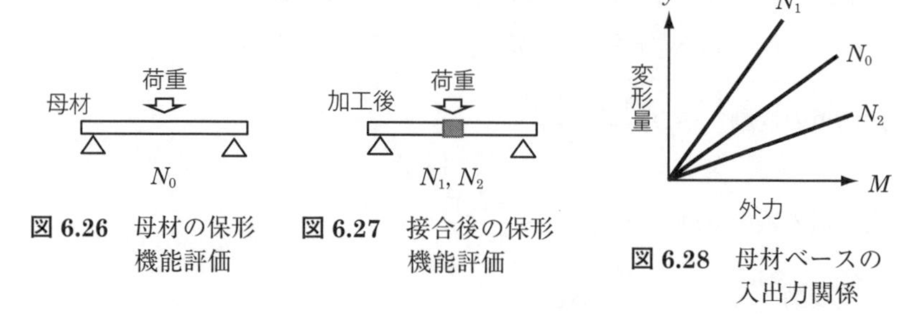

図 6.26　母材の保形機能評価　　**図 6.27**　接合後の保形機能評価　　**図 6.28**　母材ベースの入出力関係

お，図6.28は模式的に表現しているので，使う材料や誤差因子の設定によっては，傾きの順番が異なったり，入出力関係に直線性がない場合もある．

入力Mとしての外力を3水準，接合後評価における誤差因子Nを2水準とすると，データの形式は表6.12になる．SN比と感度は，N_0条件での変形量を計算上の入力，N_1, N_2の変形量を出力として，標準SN比で計算する（図6.29）．

表 6.12　データ形式

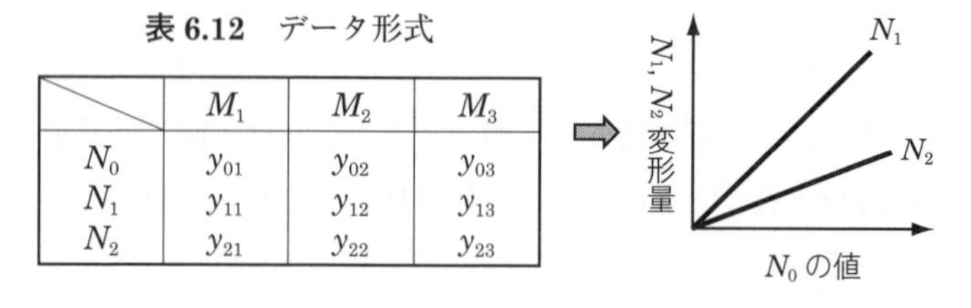

	M_1	M_2	M_3
N_0	y_{01}	y_{02}	y_{03}
N_1	y_{11}	y_{12}	y_{13}
N_2	y_{21}	y_{22}	y_{23}

図 6.29　標準SN比での入出力関係

標準SN比ηは下記の手順で計算する．ただし，計算式に関しては，現在でも様々な議論があるので，ここでは計算例の一つとしてご理解いただきたい．

有効序数　$r = y_{01}^2 + y_{02}^2 + y_{03}^2$

全変動　$S_T = y_{11}^2 + y_{12}^2 + y_{13}^2 + y_{21}^2 + y_{22}^2 + y_{23}^2$

線形式　$L_1 = y_{01}y_{11} + y_{02}y_{12} + y_{03}y_{13}$　　$L_2 = y_{01}y_{21} + y_{02}y_{22} + y_{03}y_{23}$

比例項の変動　$S_\beta = \dfrac{(L_1 + L_2)^2}{2r}$

比例項の差の変動　$S_{N\times\beta}=\dfrac{(L_1-L_2)^2}{2r}$

誤差変動　$S_e=S_T-S_\beta-S_{N\times\beta}$

誤差分散　$V_e=\dfrac{S_e}{f}$

プールした誤差分散　$V_N=\dfrac{S_T-S_\beta}{f}$

SN 比　$\eta=10\log\dfrac{S_\beta-V_e}{V_N}$

感度　$S=10\log\dfrac{S_\beta-V_e}{2r}$

上記の手順で計算される SN 比 η は，誤差因子に対する安定性を示す指標であり，大きな値になることが望ましく，感度 S は，母材と同じ変形量となることが理想なので，ゼロ（$\beta=1$）を目標としてチューニングする．

6.6.2　接合技術評価の誤差因子

誤差因子は，接合状態をばらつかせる要因であり，使用環境，加工条件，劣化，材料関連の条件から抽出する．主な誤差因子としては，下記のものがある．

① 使用環境：気温，湿度，外力の種類（静的，動的），外力の方向（角度，回転方向など）

② 劣化：繰り返し荷重，ヒートサイクル，腐食，締結後の放置時間

③ 加工条件：加工装置の設定値ばらつき（温度，圧力，時間など），接着剤の量，塗布状態

④ 材料関連：接合する材料の種類，物性値，接着剤などの種類，物性値

重要と考えられる誤差因子を選定し，変形量が増加する方向と，減少する方向に調合（＋側最悪，－側最悪）するか，技術的な知見や知識がなく，調合できない場合には直交表に割り付けて実験する．なお，上記の因子には誤差因子

ではなく，標示因子として利用されるものも含まれている．

第7章　機　能　窓

7.1　機能窓とは

機能窓は，対象システムが正常に機能する範囲のことであり，現在，静的機能窓と動的機能窓の二つの考え方が存在する．

静的機能窓の考え方を図 7.1 に示す．横軸は入力エネルギー，縦軸はシステムに発生する不具合の数，若しくは発生率である．一般的なシステムでは，入力エネルギー M が小さすぎても，大きすぎても不具合が発生する．そこで，エネルギー不足で不具合になる最大の入力値 M_1 と，エネルギー過剰で不具合になる最小の入力値 M_2 を求め，両方の不具合が起こらない範囲（M_2-M_1）を特性値とするのが，静的機能窓である．この範囲（機能窓）が広く，安定しているシステムを理想と考える．

一方の動的機能窓は，化学反応の機能性を評価する手法として提案された．化学反応では，目的とする主反応に伴って，不必要な副反応を発生することが多い．その関係を図 7.2 に示す．入力 M は反応時間，出力 y は反応物の生成量である．必要とする主反応 Y_1 の傾き β_1 は大きいほうがよく，不必要な副反応 Y_2 の傾き β_2 はゼロが望ましい．両者の傾きの差（$\beta_1-\beta_2$），若しくは傾き

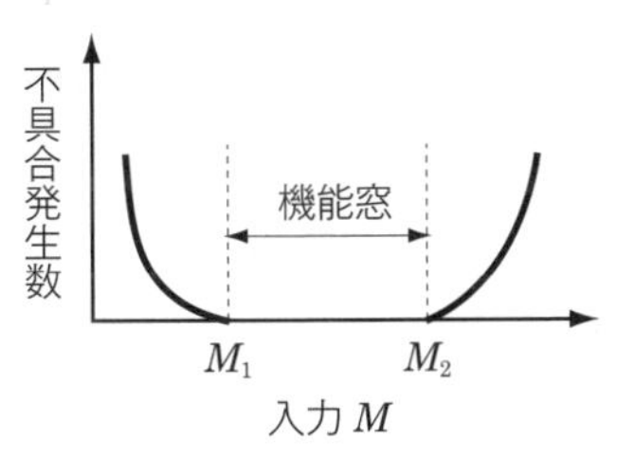

図 7.1　静的機能窓

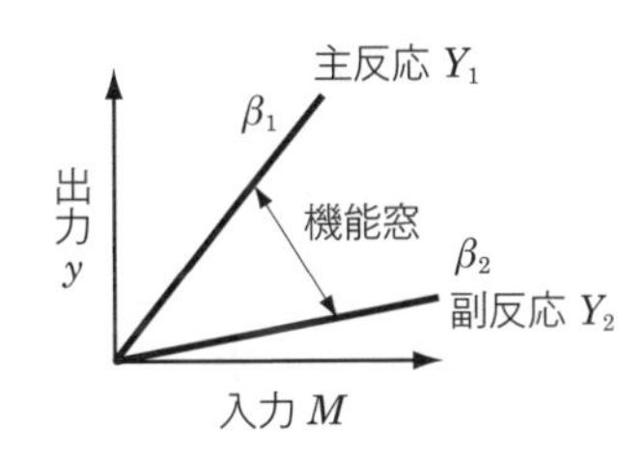

図 7.2　動的機能窓

の比（β_1/β_2）を特性値として性能を評価するのが，動的機能窓である．機能窓が広く，安定しているシステムを理想と考える．

以上のように，どちらも対象システムの機能窓を広げて（拡大して）改善することから，これらの手法を機能窓拡大法と呼び，前者は静特性（望小特性，望大特性）の SN 比，後者は動特性の SN 比を利用する．

機能窓拡大法で評価された代表的な技術やシステムは下記①～⑧である．次節より，それぞれについて，入出力関係，誤差因子や標示因子など，具体的な活用方法とポイントについて紹介する．

① 紙搬送システム(静的機能窓)
② 締結技術(静的機能窓)
③ 画像定着システム(静的機能窓)
④ 化学反応(動的機能窓)
⑤ 粉砕分級システム(動的機能窓)
⑥ 画像形成システム(動的機能窓)

7.2　紙搬送システムの評価

静的機能窓による評価を最初に適用したのが，紙搬送システムである．1980 年代に，米国の複写機メーカで開発された．紙搬送の代表的なシステムを図 7.3 に示す．このシステムでは，紙とローラの摩擦力を利用して紙を搬送する．摩擦力は紙にかかる荷重（入力）によって決まるので，ばねやモータでその大きさを制御する．荷重が狙い値より小さいと給紙ミス（空送り）になり，大きいと重送（連れ送り）が起こりやすい．両方の不具合が発生しない範囲に荷重を設定し，システムを最適化する必要がある．従来は，数千枚の通紙テストを実施して，空送りや重送の発生数を調べていたが，開発や設計の段階では，様々な条件を変えて評価する必要があり，膨大な枚数の紙と時間が必要

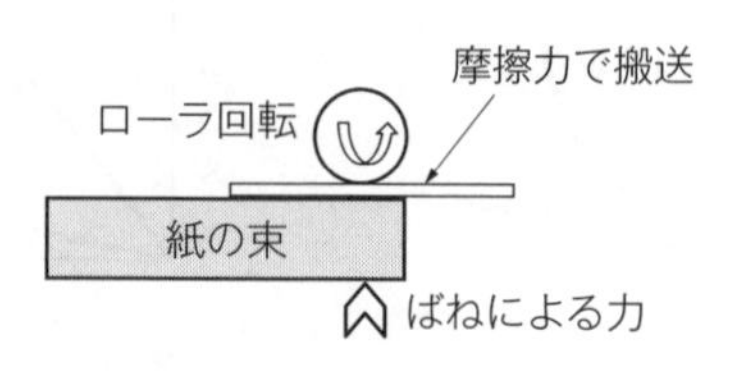

図 7.3　紙搬送システムの例

であった．

そこで，紙にかける荷重の大きさを変化させて，紙の搬送状態を調べる評価方法が開発された．加重を小さい値から徐々に大きくしていくと，最初は搬送力不足なので空送りが発生するが，荷重の値が適切な範囲になると，紙が1枚ずつ搬送される正常な状態になり，更に荷重が大きくなると，搬送力が過剰になって重送が発生する．この実験から，空送りが発生しない最小の荷重 M_1 と，重送が発生しない最大の荷重 M_2 を求めて，機能窓の広さを評価する（図7.4）．M_1, M_2 が誤差因子の影響を受けず，機能窓の広い状態が理想である．

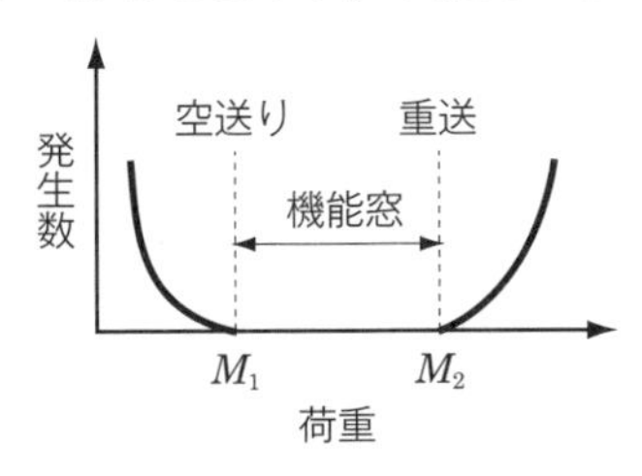

図 7.4　紙搬送の機能窓

7.2.1　紙搬送システム評価のデータ形式と SN 比，感度の計算

紙搬送システムを静的機能窓によって評価する場合，データの形式は，誤差因子 N を2水準とすると表7.1になる．機能窓を広くするためには M_1 の値は小さいほうがよい．したがって，M_1 の SN 比は望小特性で計算する．同様に，M_2 の値は大きいほうがよいので望大特性の SN 比を計算する．そして，二つを合算した値でシステム全体を評価する．

表 7.1　データ形式

	M_1	M_2
N_1	m_{11}	m_{21}
N_2	m_{12}	m_{22}

各 SN 比は下記の手順で計算する．

$$M_1\ （望小特性）\quad \eta_1 = -10\log\frac{{m_{11}}^2+{m_{12}}^2}{2}$$

$$M_2\ (\text{望大特性})\quad \eta_2 = -10\log\frac{\dfrac{1}{{m_{21}}^2}+\dfrac{1}{{m_{22}}^2}}{2}$$

静的機能窓のSN比　$\eta = \eta_1 + \eta_2$

上記の式で計算されるSN比ηは，紙搬送の安定性の指標であり，大きな値になることが望ましい．

7.2.2 紙搬送システム評価の誤差因子

誤差因子は，機能窓の広さを変化させる要因であり，主な誤差因子としては下記の①～③がある．

① 外部環境：気温，湿度，設置床面の角度など

② 劣化：ローラ材料物性の変化，ローラ表面粗さ，ローラ硬度，使用時間，ヒートサイクルなど

③ 装置条件：各部の寸法ばらつき，ローラ材料の種類，形状ばらつき（寸法，角度）

重要と考えられる誤差因子を選定し，調合（＋側最悪，－側最悪）するか，技術的な知見や知識がなく，調合できない場合には直交表に割り付けて実験する．なお，上記の因子には，誤差因子ではなく，標示因子として利用されたものも含まれている．

7.3 接合技術の評価

はんだ付けや超音波溶着などの接合技術には，加工機能や保形機能による評価方法を紹介したが，静的機機能窓による評価も有効である．締結エネルギー（入力）が不足することによって発生する不具合と，エネルギー過剰による不具合の発生を調べて，どちらの不具合も発生しない領域（機能窓）の広さや安定性を評価する．静的機能窓では，良品，不良品を判定する通常の検査特性で評価でき，特別な評価用の計測機器を必要としないことが利点である．

7.3.1　はんだ付けの評価

はんだ付けでは，はんだ温度や時間などの熱量が入力エネルギーである．熱量が不足すると未はんだとなり，熱量が過剰になるとブリッジが発生する．

温度を入力とした機能窓を図 7.5 に示す．M_1 は未はんだが発生しない最小の温度，M_2 はブリッジが発生しない最大の温度である．両方の不良が発生しない領域（M_2-M_1）が静的機能窓である．M_1, M_2 が誤差因子の影響を受けず，機能窓が広い状態が望ましい．

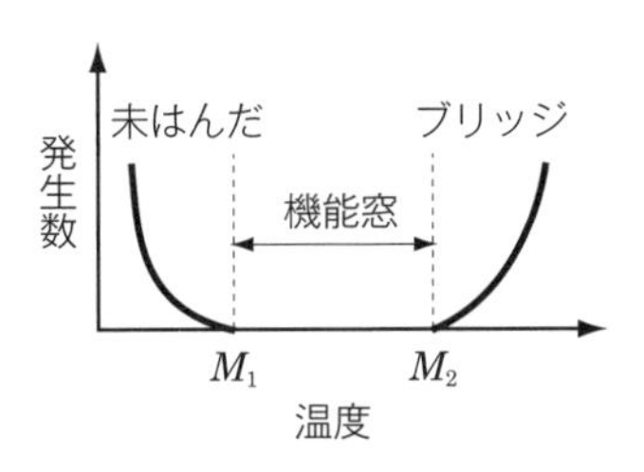

図 7.5　はんだ付けの機能窓

データの形式は，誤差因子 N を 2 水準とすると表 7.2 になる．機能窓を広くするためには M_1 の値は小さいほうがよい．したがって，M_1 の SN 比は望小特性で計算する．同様に，M_2 の値は大きいほうがよいので望大特性の SN 比を計算する．そして，二つを合算した値でシステム全体を評価する．

表 7.2　データ形式

	M_1	M_2
N_1	m_{11}	m_{21}
N_2	m_{12}	m_{22}

各 SN 比は下記の手順で計算する．

$$M_1\text{（望小特性）}\quad \eta_1=-10\log\frac{{m_{11}}^2+{m_{12}}^2}{2}$$

$$M_2\text{（望大特性）}\quad \eta_2=-10\log\frac{\dfrac{1}{{m_{21}}^2}+\dfrac{1}{{m_{22}}^2}}{2}$$

静的機能窓の SN 比 $\eta = \eta_1 + \eta_2$

SN 比 η は大きな値となることが望ましい．

誤差因子は，未はんだやブリッジを発生させる要因であり，下記の①～④がその候補である．

① ランドの大きさ，形状，ランド間の距離

② 端子の形状，寸法，端子間の距離

③ 基板の材質，基板の大きさ，ランドの基板上の位置

④ はんだ工程の振動，生産速度，はんだの材質など

重要と考えられる誤差因子を選定し，調合（＋側最悪，－側最悪）するか，技術的な知見や知識がなく，調合できない場合には直交表に割り付けて実験する．なお，上記の因子には，誤差因子ではなく，標示因子として利用されたものも含まれている．

7.3.2 超音波溶着の評価

超音波溶着では，超音波の強度や印加時間などの溶着エネルギーが入力である．エネルギーが小さいと溶着不足となり，過剰になると溶着過剰の不良が発生する．

温度を入力とした機能窓を図 7.6 に示す．M_1 は溶着不足が発生しない最小の時間，M_2 は溶着過剰が発生しない最大の時間である．両方の不良が発生しない領域（$M_2 - M_1$）が静的機能窓である．M_1, M_2 が誤差因子の影響を受けず，機能窓が広い状態が望ましい．

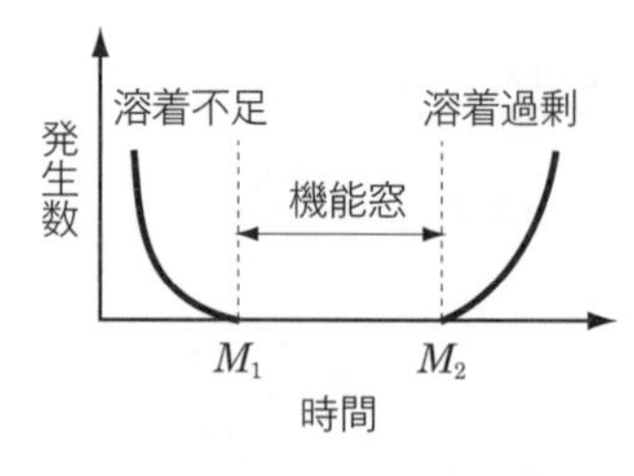

図 7.6 超音波溶着の機能窓

データの形式は，誤差因子 N を 2 水準とすると表 7.3 になる．機能窓を広くするためには M_1 の値は小さいほうがよい．したがって，M_1 の SN 比は望小特性で計算する．同様に M_2 の値は大きいほうがよいので望大特性の SN 比を計算する．そして，二つを合算した値でシステム全体を評価する．

表 7.3　データ形式

	M_1	M_2
N_1	m_{11}	m_{21}
N_2	m_{12}	m_{22}

各 SN 比は下記の手順で計算する．

M_1（望小特性）　$\eta_1 = -10\log\dfrac{m_{11}{}^2 + m_{12}{}^2}{2}$

M_2（望大特性）　$\eta_2 = -10\log\dfrac{\dfrac{1}{m_{21}{}^2} + \dfrac{1}{m_{22}{}^2}}{2}$

静的機能窓の SN 比　$\eta = \eta_1 + \eta_2$

SN 比 η は大きな値となることが望ましい．

誤差因子は，溶着不足や溶着過剰による不良発生に影響する要因であり，下記の①～④がその候補である．

①　溶着する部材（ワーク）の材質，形状，ワーク間の距離

②　超音波の種類：周波数，振幅

③　ホーンの角度，ホーンと部材のクリアランスなど

④　溶着環境：気温，湿度

重要と考えられる誤差因子を選定し，調合（＋側最悪，－側最悪）するか，技術的な知見や知識がなく，調合できない場合には直交表に割り付けて実験する．なお，上記の因子には，誤差因子ではなく，標示因子として利用されたものも含まれている．

7.4　画像定着システムの評価

一般的な複写機やプリンタでは，現像後のトナー画像やインク画像（未定着画像と呼ぶ）に，熱（温度）や圧力などの定着エネルギーを加えて，紙に画像を定着させている．定着エネルギーが不足すると，未定着（低温オフセット），過剰になると高温オフセットと呼ばれる不良が発生する．温度を入力とした機能窓を図 7.7 に示す．M_1 は低温オフセットが発生しない最小の温度，M_2 は高温オフセットが発生しない最大の温度である．両方の不良が発生しない領域（M_2-M_1）が静的機能窓である．M_1, M_2 が誤差因子の影響を受けず，機能窓が広い状態が望ましい．

データの形式は，誤差因子 N を 2 水準とすると表 7.4 になる．機能窓を広くするためには M_1 の値は小さいほうがよい．したがって，M_1 の SN 比は望小特性で計算する．同様に，M_2 の値は大きいほうがよいので望大特性の SN 比を計算する．そして，二つを合算した値でシステム全体を評価する．

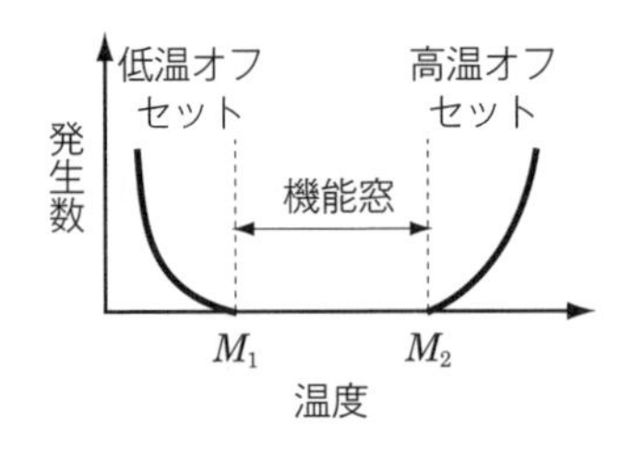

図 7.7　画像定着システムの機能窓

表 7.4　データ形式

	M_1	M_2
N_1	m_{11}	m_{21}
N_2	m_{12}	m_{22}

SN 比は下記の手順で計算する．

M_1（望小特性）　$$\eta_1=-10\log\frac{m_{11}^2+m_{12}^2}{2}$$

M_2（望大特性）　$$\eta_2=-10\log\frac{\dfrac{1}{m_{21}^2}+\dfrac{1}{m_{22}^2}}{2}$$

静的機能窓の SN 比　$\eta=\eta_1+\eta_2$

SN 比 η は大きな値となることが望ましい．

誤差因子は，低温，高温オフセット不良の発生に影響する要因であり，下記の①～④がその候補である．

① 紙の種類：硬さ，材質，厚さ，大きさなど

② 画像の種類：線画像，文字画像，写真画像など

③ 印刷モード：連続，間欠，片面，両面，印刷速度など

④ 紙上の現像材の量，現像材の種類（色，材質など）

重要と考えられる誤差因子を選定し，調合（＋側最悪，－側最悪）するか，技術的な知見や知識がなく，調合できない場合には直交表に割り付けて実験する．なお，上記の因子には，誤差因子ではなく，標示因子として利用されたものも含まれている．

7.5　蛍光ランプの評価

蛍光ランプの基本機能は，入力が電気エネルギー，出力は光エネルギー（明るさ）であり，具体的な入出力特性としては，消費電力と光量の関係を評価するのが一般的だが，機能窓を使った評価も研究されている．

蛍光ランプの光束（明るさに相当）は，塗布する蛍光材の重量（膜厚）によって変化するため，生産ラインでは蛍光材膜厚によって光束を調整する．膜厚が薄いときには光束不足，厚すぎると膜落ち（剝がれ）の不良が発生する．膜落ちの発生しない最大の塗布量を M_2，光束不足の発生しない最小の溶融エネルギーを M_1 とすると，蛍光ランプの機能窓は図 7.8 のようになる．M_1, M_2 が誤差因子の影響を受けず，機能窓の広い状態が理想である．

データの形式は，誤差因子 N を 2 水準とすると表 7.5 になる．機能窓を広くするためには M_1 の値は小さいほうがよい．したがって，M_1 の SN 比は望小特性で計算する．同様に，M_2 の値は大きいほうがよいので望大特性の SN 比を計算する．そして，システム全体を合算した SN 比で評価する．

SN 比は下記の手順で計算する．

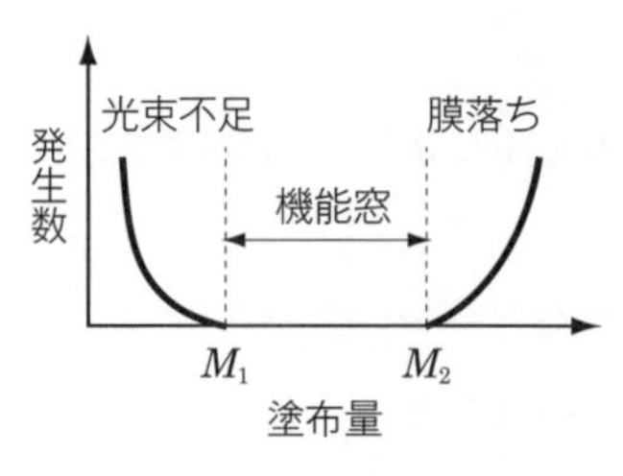

図 7.8　蛍光ランプの機能窓

表 7.5　データ形式

	M_1	M_2
N_1	m_{11}	m_{21}
N_2	m_{12}	m_{22}

M_1（望小特性）　$\eta_1 = -10\log\dfrac{{m_{11}}^2+{m_{12}}^2}{2}$

M_2（望大特性）　$\eta_2 = -10\log\dfrac{\dfrac{1}{{m_{21}}^2}+\dfrac{1}{{m_{22}}^2}}{2}$

静的機能窓の SN 比　$\eta = \eta_1 + \eta_2$

上記の式で計算される SN 比 η は，蛍光ランプの安定性の指標であり，大きな値になることが望ましい．

誤差因子は，機能窓の広さを変化させる要因であり，主な誤差因子としては下記①，②がある．重要と考えられる誤差因子を選定し，調合（＋側最悪，－側最悪）するか，技術的な知見や知識がなく，調合できない場合には直交表に割り付けて実験する．

①　外部環境：気温，湿度など

②　劣化：使用時間，振動試験，ヒートサイクルなど

なお，上記の因子には，誤差因子ではなく，標示因子として利用されたものも含まれている．

7.6　ワイヤボンディングの評価

ワイヤボンディングとは，金や銅などのワイヤを使って，基板と電子部品を電気的に接続する技術である．ワイヤの先端を熱や超音波で溶かして両者を接

合する．このとき，先端を溶融するエネルギーが過剰になるとクラックが発生し，不足すると接合不良（剥がれ）が発生する．二つの不良が発生しない溶融エネルギーの範囲が機能窓（静的機能窓）となる．

溶融エネルギーとして超音波を利用したケースでの静的機能窓を図 7.9 に示す．クラックの発生しない最大の超音波時間を M_2，剥がれの発生しない最小の超音波時間を M_1 とすると，ワイヤボンディングの機能窓は，図 7.9 のようになる．M_1, M_2 が誤差因子の影響を受けず，機能窓の広い状態が理想である．

ワイヤボンディングの評価で静的機能窓を利用する場合，データの形式は誤差因子 N を 2 水準とすると表 7.6 になる．機能窓を広くするためには M_1 の値は小さいほうがよい．したがって，M_1 の SN 比は望小特性で計算する．同様に，M_2 の値は大きいほうがよいので望大特性の SN 比を計算する．そして，二つを合算した値でシステム全体を評価する．

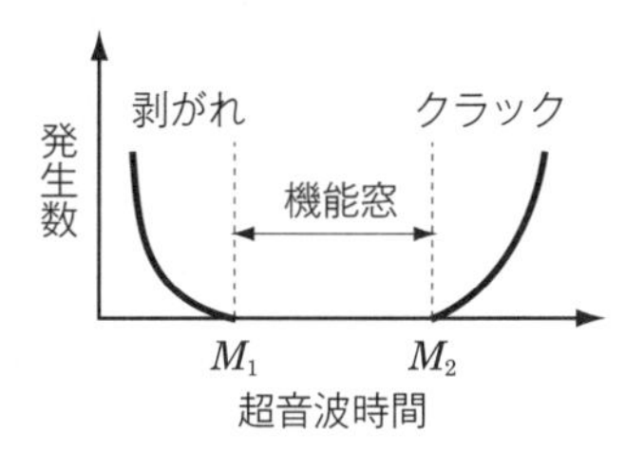

図 7.9　ワイヤボンディングの機能窓

表 7.6　データ形式

	M_1	M_2
N_1	m_{11}	m_{21}
N_2	m_{12}	m_{22}

SN 比は下記の手順で計算する．

M_1（望小特性）　$$\eta_1 = -10\log\frac{{m_{11}}^2 + {m_{12}}^2}{2}$$

M_2（望大特性）　$$\eta_2 = -10\log\frac{\dfrac{1}{{m_{21}}^2} + \dfrac{1}{{m_{22}}^2}}{2}$$

静的機能窓の SN 比　$\eta = \eta_1 + \eta_2$

上記の式で計算される SN 比 η は，ワイヤボンディングの安定性の指標であり，大きな値になることが望ましい．

誤差因子は，機能窓の広さを変化させる要因であり，主な誤差因子としては下記の①〜③がある．重要と考えられる誤差因子を選定し，調合（＋側最悪，－側最悪）するか，技術的な知見や知識がなく，調合できない場合には直交表に割り付けて実験する．

① ボンディングの位置：中央，端など

② 部品や配線の形状：線幅，角度，高さなど

③ ボンディング環境：温湿度，振動の有無など

なお，上記の因子には，誤差因子ではなく，標示因子として利用されたものも含まれている．

7.7 ガラスレンズの加熱成形の評価

ガラスレンズを加熱成形する工程では，熱量の不足が原因のしわ不良と，熱量過多による水溜り不良が発生する．レンズに供給される熱量は，加熱時間でコントロールしており，どちらの不良も発生しない，最適な加熱時間を確保することが，生産の安定性を維持するために不可欠である．

そこで，レンズの加熱時間を横軸として，水溜りの発生しない最大の加熱時間をM_2，しわの発生しない最小の加熱時間をM_1とすると，図7.10のようなグラフになる．M_1, M_2の差が機能窓（静的機能窓）であり，誤差因子の影響を受けず，機能窓の広い状態が加熱成形の理想である．

加熱成形の評価で静的機能窓を利用する場合，データの形式は誤差因子Nを2水準とすると表7.7になる．機能窓を広くするためにはM_1の値は小さいほうがよい．したがって，M_1のSN比は望小特性で計算する．同様に，M_2の値は大きいほうがよいので望大特性のSN比を計算する．そして，二つを合算した値でシステム全体を評価する．

SN比は下記の手順で計算する．

M_1（望小特性）　$\eta_1 = -10\log\dfrac{m_{11}{}^2 + m_{12}{}^2}{2}$

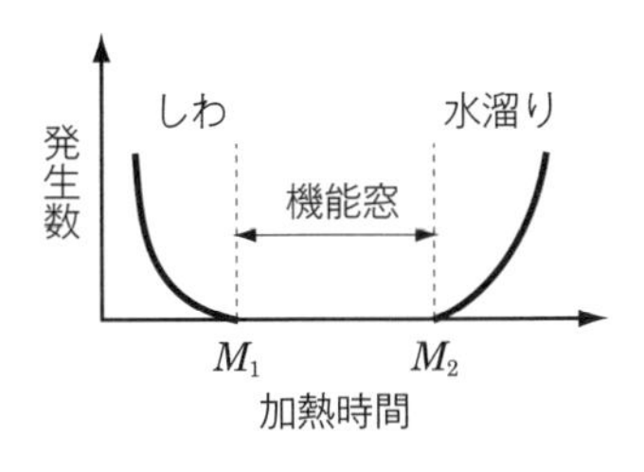

図 7.10　加熱成形の機能窓

表 7.7　データ形式

	M_1	M_2
N_1	m_{11}	m_{21}
N_2	m_{12}	m_{22}

M_2（望大特性）　$\eta_2 = -10\log\dfrac{\dfrac{1}{{m_{21}}^2}+\dfrac{1}{{m_{22}}^2}}{2}$

静的機能窓の SN 比　$\eta = \eta_1 + \eta_2$

上記の式で計算される SN 比 η は，加熱成形の安定性の指標であり，大きな値になることが望ましい．

誤差因子は，機能窓の広さを変化させる要因であり，主な誤差因子としては下記がある．重要と考えられる誤差因子を選定し，調合（＋側最悪，－側最悪）するか，技術的な知見や知識がなく，調合できない場合には直交表に割り付けて実験する．

① 外部環境：気温，湿度など

② 原材料の種類：組成，形状，充填量など

③ 成形条件のばらつき：温度，荷重，場所など

なお，上記の因子には，誤差因子ではなく，標示因子として利用されたものも含まれている．

7.8　化学反応の評価

酸化，還元，分解，重合などの化学反応によって製品を作るシステムの評価は，生産量や収率で評価されることが一般的である．これは，化学反応は短時間で起こり，他の技術やシステムのように，その過程を精度よく計測することが難しいことに原因がある．

この問題に対する田口の提案が，化学反応を機能として捉える動的機能窓による評価である．図 7.11 にその考え方を紹介する．

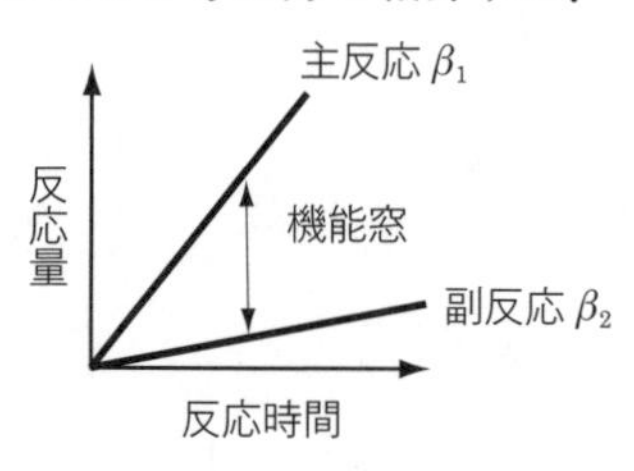

図 7.11 化学反応の機能窓

縦軸に反応量，横軸に反応時間をとり，目的とする反応を主反応，同時に起こる不必要な反応を副反応，それぞれの反応速度を β_1, β_2 とすると，β_1 と β_2 の差（$\beta_1-\beta_2$）が機能窓になる．β_1 は大きいほうがよく，β_2 は小さくなることが望ましい．また，両者の比（β_1/β_2）を機能窓の評価特性とする考え方もある．前者を速度差法，後者を速度比法と呼ぶ．

7.8.1 化学反応のデータ形式と SN 比，感度の計算

化学反応では反応時間が入力，出力は生成物の量である．入力 M を 3 水準，誤差因子を 2 水準とし，主反応を Y_1，副反応を Y_2 とすると，データ形式は表 7.8 になる．y_{11}～y_{23} は，各反応時間で得られる主反応生成物の量，y_{14}～y_{26} は副反応生成物の量である．

表 7.8 データ形式（速度差法）

	Y_1			Y_2		
	M_1	M_2	M_3	M_1	M_2	M_3
N_1	y_{11}	y_{12}	y_{13}	y_{14}	y_{15}	y_{16}
N_2	y_{21}	y_{22}	y_{23}	y_{24}	y_{25}	y_{26}

速度差法の SN 比 η と感度 S は，下記の手順で計算する．

有効序数 $r=M_1^2+M_2^2+M_3^2$

全変動 $S_T=y_{11}^2+y_{12}^2+y_{13}^2+y_{21}^2+y_{22}^2+y_{23}^2+y_{14}^2+y_{15}^2+y_{16}^2$
$+y_{24}^2+y_{25}^2+y_{26}^2$

線形式　$L_1=M_1y_{11}+M_2y_{12}+M_3y_{13}$　　$L_2=M_1y_{21}+M_2y_{22}+M_3y_{23}$

$L_3=M_1y_{14}+M_2y_{15}+M_3y_{16}$　　$L_4=M_1y_{24}+M_2y_{25}+M_3y_{26}$

比例項の変動　$S_\beta=\dfrac{(L_1+L_2+L_3+L_4)^2}{4r}$

比例項の差の変動　$S_{N\times\beta}=\dfrac{(L_1+L_3)^2}{2r}+\dfrac{(L_2+L_4)^2}{2r}-S_\beta$

$$S_{Y\times\beta}=\frac{(L_1+L_2)^2}{2r}+\frac{(L_3+L_4)^2}{2r}-S_\beta$$

……反応による β の変動（機能窓に当たる）

誤差変動　$S_e=S_T-S_\beta-S_{N\times\beta}-S_{Y\times\beta}$

誤差分散　$V_e=\dfrac{S_e}{f}$

プールした誤差分散　$V_N=\dfrac{S_T-S_\beta-S_{Y\times\beta}}{f}$

SN 比　$\eta=10\log\dfrac{(S_{Y\times\beta}-V_e)/4r}{V_N}$

感度　$S=10\log\dfrac{S_{Y\times\beta}-V_e}{4r}$

上記の手順で計算される SN 比 η は機能窓（目的とする製品の生産量）の安定性を示し，感度 S は生産速度である．いずれの値も大きいほうがよい．

次に，速度比法での計算手順を紹介する．速度比法では反応速度を特性値として SN 比と感度を計算する．表 7.8 のデータから各実験での反応速度を計算した結果が表 7.9 である．

表 7.9　データ形式（速度比法）

	Y_1			Y_2		
	M_1	M_2	M_3	M_1	M_2	M_3
N_1	β_{11}	β_{12}	β_{13}	β_{14}	β_{15}	β_{16}
N_2	β_{21}	β_{22}	β_{23}	β_{24}	β_{25}	β_{26}

ここで，機能窓を広くするためには，主反応 Y_1 は大きな値が望ましく，副反応 Y_2 は小さくなるのが望ましい．したがって，Y_1 では望大特性の SN 比，Y_2 は望小特性の SN 比を計算し，二つを足し算した値が機能窓となる．SN 比の値は大きくなることが望ましい．

SN 比は下記の手順で計算する．

$$Y_1\ （望大特性）\quad \eta_1 = -10\log\frac{\dfrac{1}{{\beta_{11}}^2}+\dfrac{1}{{\beta_{12}}^2}+\cdots+\dfrac{1}{{\beta_{23}}^2}}{6}$$

$$Y_2\ （望小特性）\quad \eta_2 = -10\log\frac{{\beta_{14}}^2+{\beta_{15}}^2+\cdots+{\beta_{26}}^2}{6}$$

速度比法の SN 比　$\eta = \eta_1 + \eta_2$

7.8.2　化学反応の誤差因子

化学反応での誤差因子は，反応速度を変化させるものである．下記の因子が候補として考えられる．

①　環境条件：気温，湿度

②　材料の物性値ばらつき

③　反応工程の諸条件：反応温度，原料の投入方法，攪拌（かくはん）条件，振動の有無など

これまでに公表された研究事例では，誤差因子を考慮していないケースが多い．これは，機能窓を大きくすれば誤差因子にも強くなる，という考え方による．しかし筆者は，どのようなケースでも誤差因子は考慮するべき，との考えから，ここではあえて誤差因子の候補を紹介する．採用の可否判断は読者に任せたい．

7.9　粉砕分級システムの評価

樹脂や金属を所定の大きさにするシステムの評価にも，動的機能窓が利用さ

れている．粉砕システムとしてはボールミルやミキサーなどの機械的に粉砕する装置や，高圧エアによる粉砕システムがある．いずれのシステムでも，システムに投入される粉砕エネルギー（回転速度，回転時間，電力，圧力など）が入力であり，粉砕された量が出力である．

全粉砕を Y_1，過剰粉砕（微粉）を Y_2 とし，それぞれの傾きを β_1 と β_2 すると，$(\beta_1-\beta_2)$ が機能窓になる（図 7.12）．β_1 は生産速度なので大きいほうがよく，β_2 は小さいほうがよい．

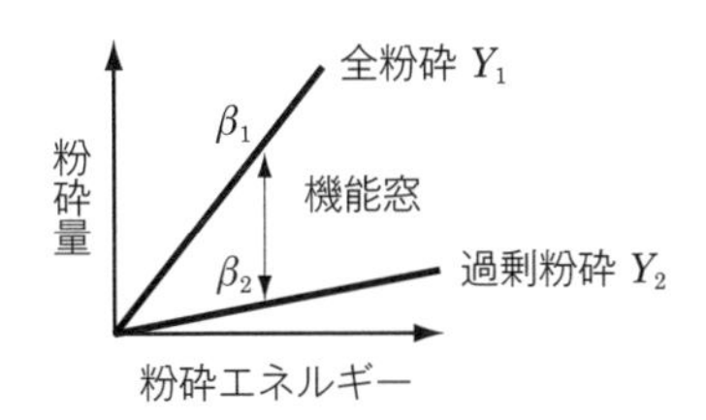

図 7.12　粉砕分級システムの機能窓

入力 M を 3 水準，誤差を 2 水準とすると，データ形式は表 7.10 になる．Y_1 では望大特性の SN 比，Y_2 は望小特性の SN 比を計算し，二つを足し算した値が機能窓の SN 比となる．SN 比の値は大きくなることが望ましい．

表 7.10　データ形式（速度比法）

	Y_1			Y_2		
	M_1	M_2	M_3	M_1	M_2	M_3
N_1	β_{11}	β_{12}	β_{13}	β_{14}	β_{15}	β_{16}
N_2	β_{21}	β_{22}	β_{23}	β_{24}	β_{25}	β_{26}

SN 比は下記の手順で計算する．

$$Y_1\text{（望大特性）}\quad \eta_1=-10\log\frac{\dfrac{1}{{\beta_{11}}^2}+\dfrac{1}{{\beta_{12}}^2}+\cdots+\dfrac{1}{{\beta_{23}}^2}}{6}$$

$$Y_2\text{（望小特性）}\quad \eta_2=-10\log\frac{{\beta_{14}}^2+{\beta_{15}}^2+\cdots+{\beta_{26}}^2}{6}$$

速度比法の SN 比　$\eta=\eta_1+\eta_2$

誤差因子は,粉砕速度を変化させる要因であり,下記の因子がその候補である.

① 粉砕工程の諸条件:回転速度,圧力,投入量,投入速度など

② 原料の物性値:組成,硬さ,形状など

③ 環境条件:気温,湿度など

重要と考えられる誤差因子を選定し,調合(+側最悪,−側最悪)するか,技術的な知見や知識がなく,調合できない場合には直交表に割り付けて実験する.なお,上記の因子には,誤差因子ではなく,標示因子として利用されたものも含まれている.

7.10 画像形成システムの評価

カメラで撮影した写真や複写機で作成した印刷物は,文字や画像のある部分(画像部)は濃く,画像のない部分(非画像部)は淡く,あるいは白くなって,全体として適度なコントラストを持っていることが望ましい.この関係を機能窓で表すと,図 7.13 のようになる.

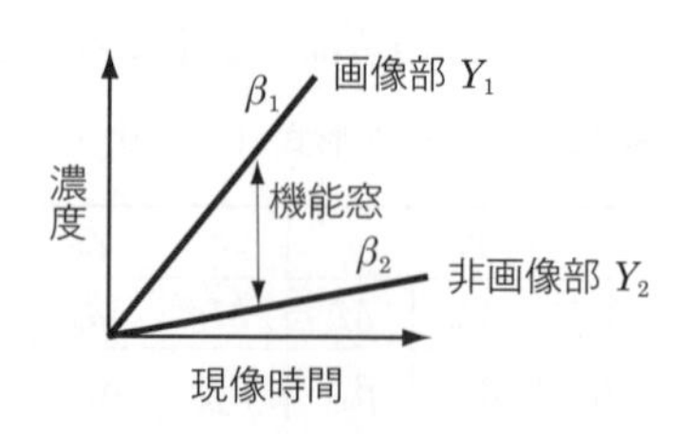

図 7.13 画像形成システムの機能窓

写真を念頭に,入力を現像時間,出力を濃度として,画像部の濃度を Y_1,非画像部の濃度を Y_2,それぞれの傾き(変化量)を β_1, β_2 とすると,$(\beta_1 - \beta_2)$ が機能窓になる.β_2 は小さいほうがよいが,機能窓の大きさは目標とする画像で決まる.

機能窓の SN 比を速度比法で計算する場合,入力 M を 3 水準,誤差を 2 水準とすると.データ形式は表 7.11 になる.Y_1 では望大特性の SN 比,Y_2 は望

小特性の SN 比を計算し，二つを足し算した値が機能窓の SN 比となる．SN 比の値は大きくなることが望ましい．

表 7.11　データ形式（速度比法）

	Y_1			Y_2		
	M_1	M_2	M_3	M_1	M_2	M_3
N_1	β_{11}	β_{12}	β_{13}	β_{14}	β_{15}	β_{16}
N_2	β_{21}	β_{22}	β_{23}	β_{24}	β_{25}	β_{26}

SN 比は下記の手順で計算する．

Y_1（望大特性）　$$\eta_1 = -10\log\frac{\dfrac{1}{{\beta_{11}}^2}+\dfrac{1}{{\beta_{12}}^2}+\cdots+\dfrac{1}{{\beta_{23}}^2}}{6}$$

Y_2（望小特性）　$$\eta_2 = -10\log\frac{{\beta_{14}}^2+{\beta_{15}}^2+\cdots+{\beta_{26}}^2}{6}$$

速度比法の SN 比　$\eta = \eta_1 + \eta_2$

誤差因子は，画像濃度を変化させる要因であり，下記の因子がその候補である．

① 現像条件：現像電圧，現像液の濃度，現像液の温度など

② 原料（紙，現像材，インク，印画紙など）の物性値

③ 環境条件：気温，湿度など

重要と考えられる誤差因子を選定し，調合（＋側最悪，－側最悪）するか，技術的な知見や知識がなく，調合できない場合には直交表に割り付けて実験する．なお，上記の因子には，誤差因子ではなく，標示因子として利用されたものも含まれている．

7.11　現像剤耐久試験の評価

複写機やプリンタに搭載される現像剤（トナー，キャリア）は，数 μm から数十 μm の微粒子である．現像器などの画像形成システム内に所定量が充填さ

れており，印刷とともにその量は減少するが，システム内に滞在している間は，画像品質を維持するため，常にスクリューやローラによって混合攪拌されている．そのため，現像剤には攪拌ストレス（機械的，熱的）に対する頑健性が必要であり，長時間の混合攪拌でも劣化しない，安定した現像剤が求められる．通常，現像剤の耐久性は，数万枚もの画像を実機で印刷し，画像品質や機内汚れなどを調べて評価するが，より簡単で安価な試験方法を確立するべく，混合攪拌によって発生する微粉（現像剤の削れた破片）を特性値とした，機能窓（動的）による研究事例を紹介する．

攪拌ストレスに強い現像剤（良品 Y_1）は，長時間攪拌しても微粉発生量は少ないが，攪拌ストレスに弱い現像剤（不良品 Y_2）は大量の微粉を発生する．したがって，縦軸に微粉発生量，横軸に攪拌時間をとると，現像剤の耐久性試験の性能は，図 7.14 で表され，機能窓（Y_1, Y_2 の傾きの差）が広く，安定していることが，試験方法として理想的な状態である．

入力 M（攪拌時間）を 3 水準，誤差因子を 2 水準とすると，データ形式は表 7.12 になる．y_{11}～y_{26} は，各攪拌時間での微粉発生量である．

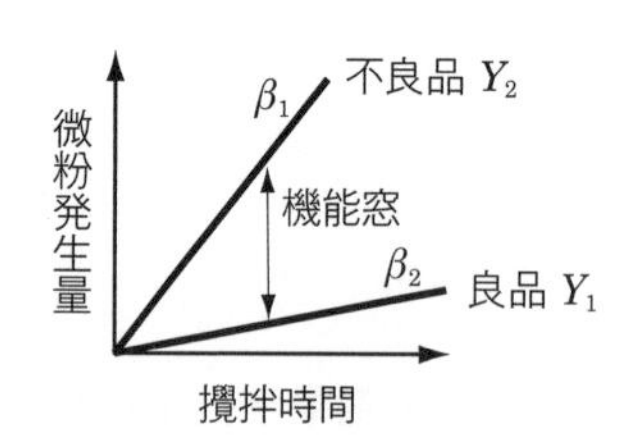

図 7.14 現像剤耐久性評価の機能窓

表 7.12 データ形式（速度差法）

	Y_1			Y_2		
	M_1	M_2	M_3	M_1	M_2	M_3
N_1	y_{11}	y_{12}	y_{13}	y_{14}	y_{15}	y_{16}
N_2	y_{21}	y_{22}	y_{23}	y_{24}	y_{25}	y_{26}

SN 比 η と感度 S は速度差法を採用し，下記の手順で計算する．SN 比，感度ともに大きくなることが望ましい．

有効序数 $r = M_1^2 + M_2^2 + M_3^2$

全変動 $S_T = y_{11}^2 + y_{12}^2 + y_{13}^2 + y_{21}^2 + y_{22}^2 + y_{23}^2 + y_{14}^2 + y_{15}^2 + y_{16}^2$
$+ y_{24}^2 + y_{25}^2 + y_{26}^2$

線形式　$L_1 = M_1 y_{11} + M_2 y_{12} + M_3 y_{13}$　　$L_2 = M_1 y_{21} + M_2 y_{22} + M_3 y_{23}$

$L_3 = M_1 y_{14} + M_2 y_{15} + M_3 y_{16}$　　$L_4 = M_1 y_{24} + M_2 y_{25} + M_3 y_{26}$

比例項の変動　$S_\beta = \dfrac{(L_1 + L_2 + L_3 + L_4)^2}{4r}$

比例項の差の変動　$S_{N\times\beta} = \dfrac{(L_1 + L_3)^2}{2r} + \dfrac{(L_2 + L_4)^2}{2r} - S_\beta$

$$S_{Y\times\beta} = \frac{(L_1 + L_2)^2}{2r} + \frac{(L_3 + L_4)^2}{2r} - S_\beta$$

……現像剤による β の変動（機能窓に当たる）

誤差変動　$S_e = S_T - S_\beta - S_{N\times\beta} - S_{Y\times\beta}$

誤差分散　$V_e = \dfrac{S_e}{f}$

プールした誤差分散　$V_N = \dfrac{S_T - S_\beta - S_{Y\times\beta}}{f}$

SN 比　$\eta = 10 \log \dfrac{(S_{Y\times\beta} - V_e)/4r}{V_N}$

感度　$S = 10 \log \dfrac{S_{Y\times\beta} - V_e}{4r}$

現像剤の耐久性試験での誤差因子は，微粉の発生速度を変化せるものである．下記の因子が候補として考えられる．重要と考えられる誤差因子を選定し，調合（＋側最悪，－側最悪）するか，技術的な知見や知識がなく，調合できない場合には直交表に割り付けて実験する．

① 試験環境：気温，湿度

② 攪拌条件のばらつき：回転数の変動，装置の傾き，振動の有無，現像剤の量など

③ 現像剤のばらつき：材料種，物性値，粒子径など

なお，上記の因子には，誤差因子ではなく，標示因子として利用されたものも含まれている．

7.12　ステッピングモータのパルス応答性評価

ステッピングモータのパルス応答性は，速やかに立ち上がり，速やかに立ち下がることが理想であり，その速さ（角速度）は入力エネルギーである電流値に比例する．この関係を機能窓で表すと，図 7.15 のようになる．立ち上がりの角速度を Y_1，立ち下がりの角速度を Y_2 とすると，Y_1, Y_2 の傾きの差（機能窓）が広く，安定していることが理想である．

入力 M（電流値）を 3 水準，誤差因子を 2 水準とすると，データ形式は表 7.13 になる．y_{11}〜y_{26} は，各電流値での角速度の値である．

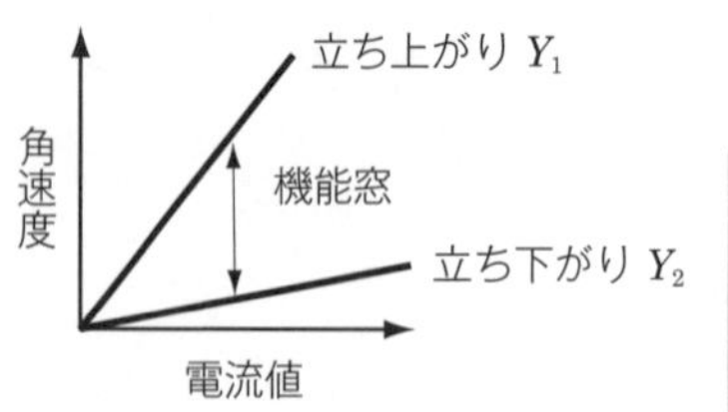

図 7.15　ステッピングモータの機能窓

表 7.13　データ形式

	Y_1			Y_2		
	M_1	M_2	M_3	M_1	M_2	M_3
N_1	y_{11}	y_{12}	y_{13}	y_{14}	y_{15}	y_{16}
N_2	y_{21}	y_{22}	y_{23}	y_{24}	y_{25}	y_{26}

速度差法を利用する場合，SN 比 η と感度 S は下記の手順で計算する．SN 比，感度ともに大きくなることが望ましい．

有効序数　$r=M_1^{\ 2}+M_2^{\ 2}+M_3^{\ 2}$

全変動　$S_T=y_{11}^{\ 2}+y_{12}^{\ 2}+y_{13}^{\ 2}+y_{21}^{\ 2}+y_{22}^{\ 2}+y_{23}^{\ 2}+y_{14}^{\ 2}+y_{15}^{\ 2}+y_{16}^{\ 2}+y_{24}^{\ 2}+y_{25}^{\ 2}+y_{26}^{\ 2}$

線形式　$L_1=M_1y_{11}+M_2y_{12}+M_3y_{13}$　　$L_2=M_1y_{21}+M_2y_{22}+M_3y_{23}$

$L_3=M_1y_{14}+M_2y_{15}+M_3y_{16}$　　$L_4=M_1y_{24}+M_2y_{25}+M_3y_{26}$

比例項の変動　$S_\beta=\dfrac{(L_1+L_2+L_3+L_4)^2}{4r}$

比例項の差の変動　$S_{N\times\beta}=\dfrac{(L_1+L_3)^2}{2r}+\dfrac{(L_2+L_4)^2}{2r}-S_\beta$

$$S_{Y\times\beta}=\frac{(L_1+L_2)^2}{2r}+\frac{(L_3+L_4)^2}{2r}-S_\beta$$

……立ち上がり，立ち下がりによるβの変動（機能窓に当たる）

誤差変動　$S_e=S_T-S_\beta-S_{N\times\beta}-S_{Y\times\beta}$

誤差分散　$V_e=\dfrac{S_e}{f}$

プールした誤差分散　$V_N=\dfrac{S_T-S_\beta-S_{Y\times\beta}}{f}$

SN 比　$\eta=10\log\dfrac{(S_{Y\times\beta}-V_e)/4r}{V_N}$

感度　$S=10\log\dfrac{S_{Y\times\beta}-V_e}{4r}$

誤差因子は角速度をばらつかせる要因であり，代表的なものは，下記①～③になる．重要と考えられる誤差因子を選定し，調合（＋側最悪，－側最悪）するか，技術的な知見や知識がなく，調合できない場合には直交表に割り付けて実験する．

① 励磁相

② 動作環境：気温，湿度

③ 設置姿勢：上向き，下向き，横向きなど

なお，上記の因子には，標示因子として利用されたものも含まれている．

7.13　化成皮膜生成技術

化学反応によって，板金などの表面に皮膜を生成する工程では，目的とする化成皮膜以外に，副反応による物質も同時に生成される．生成工程の生産性を考えると主反応（皮膜＋副反応物）の速度は大きいことが望ましく，副反応による生成物は少ないほうがよい．この関係を機能窓で表すと，図 7.16 のよう

になり，機能窓（Y_1, Y_2 の傾きの差）が広く，安定していることが，化成皮膜生成工程として，理想的な状態である．

データ形式は，入力 M（反応時間）を 3 水準，誤差因子を 2 水準とすると表 7.14 になる．y_{11}～y_{26} は，各反応時間での生成物量である．

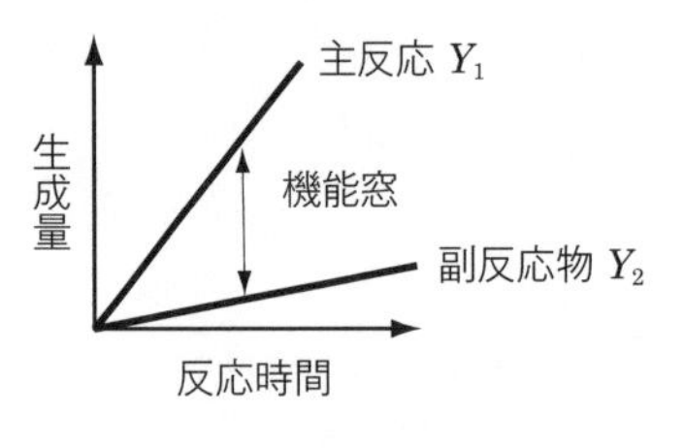

図 7.16　化成皮膜生成の機能窓

表 7.14　データ形式

	Y_1			Y_2		
	M_1	M_2	M_3	M_1	M_2	M_3
N_1	y_{11}	y_{12}	y_{13}	y_{14}	y_{15}	y_{16}
N_2	y_{21}	y_{22}	y_{23}	y_{24}	y_{25}	y_{26}

速度差法を利用する場合，SN 比 η と感度 S は下記の手順で計算する．

有効序数　$r = M_1^{\ 2} + M_2^{\ 2} + M_3^{\ 2}$

全変動　$S_T = y_{11}^{\ 2} + y_{12}^{\ 2} + y_{13}^{\ 2} + y_{21}^{\ 2} + y_{22}^{\ 2} + y_{23}^{\ 2} + y_{14}^{\ 2} + y_{15}^{\ 2} + y_{16}^{\ 2} + y_{24}^{\ 2} + y_{25}^{\ 2} + y_{26}^{\ 2}$

線形式　$L_1 = M_1 y_{11} + M_2 y_{12} + M_3 y_{13}$　　$L_2 = M_1 y_{21} + M_2 y_{22} + M_3 y_{23}$

$L_3 = M_1 y_{14} + M_2 y_{15} + M_3 y_{16}$　　$L_4 = M_1 y_{24} + M_2 y_{25} + M_3 y_{26}$

比例項の変動　$S_\beta = \dfrac{(L_1 + L_2 + L_3 + L_4)^2}{4r}$

比例項の差の変動　$S_{N \times \beta} = \dfrac{(L_1 + L_3)^2}{2r} + \dfrac{(L_2 + L_4)^2}{2r} - S_\beta$

$S_{Y \times \beta} = \dfrac{(L_1 + L_2)^2}{2r} + \dfrac{(L_3 + L_4)^2}{2r} - S_\beta$

……反応による β の変動（機能窓に当たる）

誤差変動　$S_e = S_T - S_\beta - S_{N \times \beta} - S_{Y \times \beta}$

誤差分散　$V_e = \dfrac{S_e}{f}$

プールした誤差分散　$V_N = \dfrac{S_T - S_\beta - S_{Y\times\beta}}{f}$

SN 比　$\eta = 10\log\dfrac{(S_{Y\times\beta} - V_e)/4r}{V_N}$

感度　$S = 10\log\dfrac{S_{Y\times\beta} - V_e}{4r}$

誤差因子は生成物量（反応速度）をばらつかせる要因であり，代表的なものは下記①～③になる．重要と考えられる誤差因子を選定し，調合（＋側最悪，－側最悪）するか，技術的な知見や知識がなく，調合できない場合には直交表に割り付けて実験する．

① 反応時の攪拌：有無，攪拌速度

② 異物の混入：有無，混入量

③ 反応時の外部環境：気温，湿度

なお，上記の因子には，誤差因子ではなく，標示因子として利用されたものも含まれている．

7.14　切削加工装置の評価

加工装置の評価では，消費電力等のエネルギーを入力，加工量を出力とした加工機能を評価するか，製品形状や寸法などの転写機能による評価が一般的である．しかし，機能窓を活用することで，実際に加工することなく，入力エネルギーのみで，装置の性能評価が可能になる．この方法は多くの加工技術に適用できるが，ここでは切削加工に適用された研究事例を紹介する．

切削加工は，刃具を取り付けた主軸をモータで回転し，板金などの表面を加工する（図 7.17）．このとき，主軸の設計や刃具の取り付け状態が悪いと，刃具の回転が不規則となり，騒音や振動などの不具合が発生するとともに，加工精度も悪化する．したがって，刃具（主軸）は安定した回転を維持しなければならないが，この回転状態は消費電力の変動として計測できる．

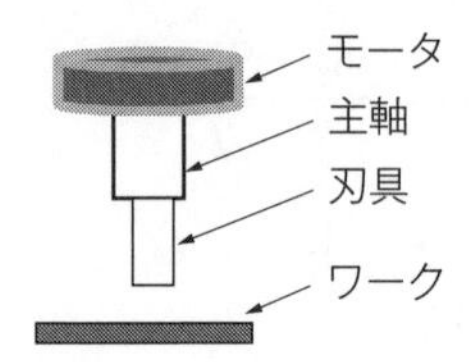

図 7.17 加工装置の概略

加工運転時（主軸＋刃具）の消費電力を Y_1，無負荷運転時（モータのみ）の消費電力を Y_2 とすると，両者の関係は図 7.18 になり，Y_1, Y_2 の傾きの差（機能窓）が加工に使われる電力であり，機能窓が広く，安定していることが，加工装置の理想状態といえる．

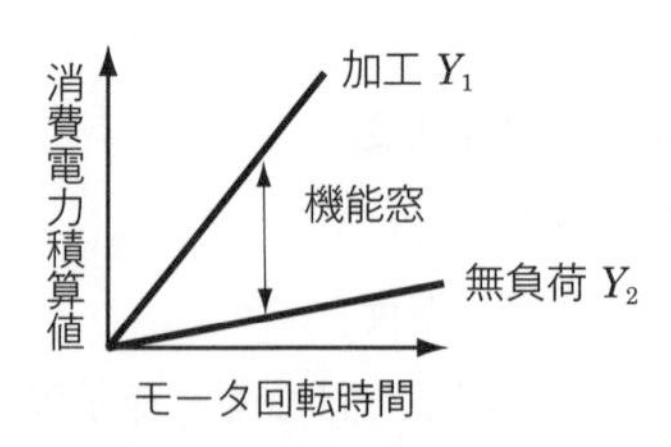

図 7.18 切削加工装置評価の機能窓

データの形式は，入力 M（モータ回転時間）を 3 水準，誤差因子を 2 水準とすると表 7.15 となる．y_{11}～y_{26} は，各モータ回転時間における消費電力の積算値である．

表 7.15 データ形式

	Y_1			Y_2		
	M_1	M_2	M_3	M_1	M_2	M_3
N_1	y_{11}	y_{12}	y_{13}	y_{14}	y_{15}	y_{16}
N_2	y_{21}	y_{22}	y_{23}	y_{24}	y_{25}	y_{26}

速度差法を利用する場合，SN 比 η と感度 S は下記の手順で計算する．

有効序数 $r = M_1^2 + M_2^2 + M_3^2$

全変動 $S_T = y_{11}^2 + y_{12}^2 + y_{13}^2 + y_{21}^2 + y_{22}^2 + y_{23}^2 + y_{14}^2 + y_{15}^2 + y_{16}^2 + y_{24}^2 + y_{25}^2 + y_{26}^2$

線形式　$L_1 = M_1 y_{11} + M_2 y_{12} + M_3 y_{13}$　　$L_2 = M_1 y_{21} + M_2 y_{22} + M_3 y_{23}$

$L_3 = M_1 y_{14} + M_2 y_{15} + M_3 y_{16}$　　$L_4 = M_1 y_{24} + M_2 y_{25} + M_3 y_{26}$

比例項の変動　$S_\beta = \dfrac{(L_1 + L_2 + L_3 + L_4)^2}{4r}$

比例項の差の変動　$S_{N\times\beta} = \dfrac{(L_1 + L_3)^2}{2r} + \dfrac{(L_2 + L_4)^2}{2r} - S_\beta$

$$S_{Y\times\beta} = \frac{(L_1 + L_2)^2}{2r} + \frac{(L_3 + L_4)^2}{2r} - S_\beta$$

……加工条件による β の変動（機能窓に当たる）

誤差変動　$S_e = S_T - S_\beta - S_{N\times\beta} - S_{Y\times\beta}$

誤差分散　$V_e = \dfrac{S_e}{f}$

プールした誤差分散　$V_N = \dfrac{S_T - S_\beta - S_{Y\times\beta}}{f}$

SN 比　$\eta = 10 \log \dfrac{(S_{Y\times\beta} - V_e)/4r}{V_N}$

感度　$S = 10 \log \dfrac{S_{Y\times\beta} - V_e}{4r}$

誤差因子は主軸及び刃具の回転状態をばらつかせる要因であり，代表的なものは下記①～③である．重要と考えられる誤差因子を選定し，調合（＋側最悪，－側最悪）するか，技術的な知見や知識がなく，調合できない場合には直交表に割り付けて実験する．

①　加工条件：回転速度，刃具のセット状態など

②　回転速度変化の方向：上昇，下降

③　加工時の時間的な電力変動：最大値，最小値

なお，上記の因子には，誤差因子ではなく，標示因子として利用されたものも含まれている．

7.15 クリーニング技術の評価

複写機やプリンタには，画像形成後に感光体表面に残された現像剤（トナー）を，クリーニングブレードと呼ばれる板状の部材で除去するシステムが搭載されている（図 7.19）．トナーは直径 10 μm 程度の微粒子であるが，感光体表面に残存した状態で新たな画像を印刷すると，画像品質が著しく低下する．

したがって，残存トナーを完全に除去するためには，クリーニングブレードを感光体表面に強い力で圧接しなければならないが，圧接力が強すぎると感光体表面を傷つけたり，感光体を摩耗するという不具合が発生する．ブレードクリーニングでは，この二つの性能を同時に達成する必要があり，その評価手法として機能窓が利用できる．

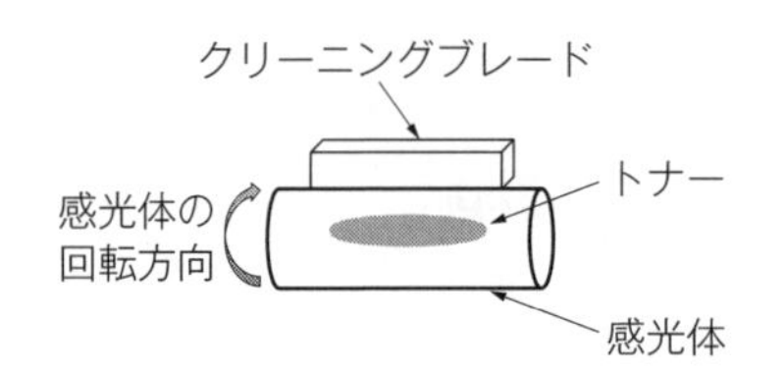

図 7.19 ブレードクリーニングシステム

図 7.19 のシステムにおいて，感光体を回転させたときのトルク値（ブレードの圧接力に関係）を計測する．感光体表面にトナーが存在するときのトルク値を Y_1，トナーがない空回転時のトルク値を Y_2 とすると，両者の関係は図 7.20 のように表される．トナーを完全に除去するためには Y_1 は大きいほうがよく，感光体のキズや摩耗の低減には Y_2 が小さいほうがよい．Y_1, Y_2 の傾きの差（機能窓）がトナー除去に使われるトルクであり，機能窓が広く，安定していることが，ブレードクリーニングの理想状態である．

データの形式は，入力 M（感光体回転時間）を 3 水準，誤差因子を 2 水準とすると表 7.16 になる．y_{11}～y_{26} は，各回転時間におけるトルクの積算値である．

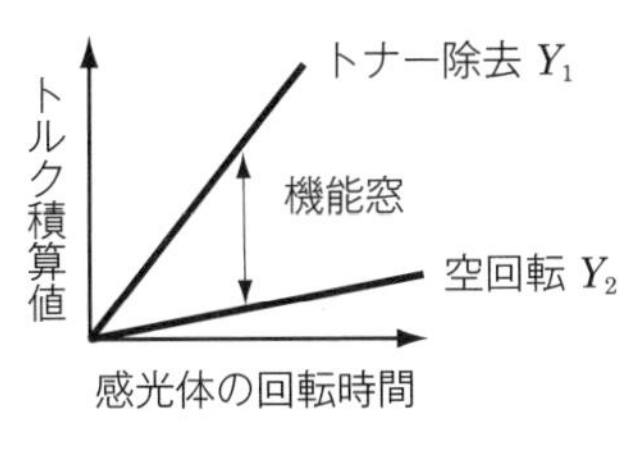

図 7.20　ブレードクリーニングの機能窓

表 7.16　データ形式

	Y_1			Y_2		
	M_1	M_2	M_3	M_1	M_2	M_3
N_1	y_{11}	y_{12}	y_{13}	y_{14}	y_{15}	y_{16}
N_2	y_{21}	y_{22}	y_{23}	y_{24}	y_{25}	y_{26}

速度差法を利用する場合，SN 比 η と感度 S は下記の手順で計算する．

有効序数　$r = M_1^2 + M_2^2 + M_3^2$

全変動　$S_T = y_{11}^2 + y_{12}^2 + y_{13}^2 + y_{21}^2 + y_{22}^2 + y_{23}^2 + y_{14}^2 + y_{15}^2 + y_{16}^2 + y_{24}^2 + y_{25}^2 + y_{26}^2$

線形式　$L_1 = M_1 y_{11} + M_2 y_{12} + M_3 y_{13}$　　$L_2 = M_1 y_{21} + M_2 y_{22} + M_3 y_{23}$

$L_3 = M_1 y_{14} + M_2 y_{15} + M_3 y_{16}$　　$L_4 = M_1 y_{24} + M_2 y_{25} + M_3 y_{26}$

比例項の変動　$S_\beta = \dfrac{(L_1 + L_2 + L_3 + L_4)^2}{4r}$

比例項の差の変動　$S_{N\times\beta} = \dfrac{(L_1 + L_3)^2}{2r} + \dfrac{(L_2 + L_4)^2}{2r} - S_\beta$

$$S_{Y\times\beta} = \frac{(L_1 + L_2)^2}{2r} + \frac{(L_3 + L_4)^2}{2r} - S_\beta$$

……クリーニング条件による β の変動
（機能窓に当たる）

誤差変動　$S_e = S_T - S_\beta - S_{N\times\beta} - S_{Y\times\beta}$

誤差分散　$V_e = \dfrac{S_e}{f}$

プールした誤差分散　$V_N = \dfrac{S_T - S_\beta - S_{Y\times\beta}}{f}$

SN 比　$\eta = 10\log\dfrac{(S_{Y\times\beta} - V_e)/4r}{V_N}$

感度　$S=10\log\frac{S_{Y\times\beta}-V_e}{4r}$

誤差因子は，トルクの値をばらつかせる要因であり，代表的なものは下記①〜④である．重要と考えられる誤差因子を選定し，調合（＋側最悪，－側最悪）するか，技術的な知見や知識がなく，調合できない場合には直交表に割り付けて実験する．

① 環境条件：気温，湿度

② トナー，感光体の種類：形状，物性値

③ ブレード，感光体の劣化：表面形状，摩擦力

④ クリーニング条件：ブレードの圧接角度，感光体回転速度，振動の有無など

なお，上記の因子には，誤差因子ではなく，標示因子として利用されたものも含まれている．

従来，複写機やプリンタに搭載されるクリーニングシステムの性能は，印刷した画像の品質評価を中心としていたが，評価者による官能検査であることから定量化が難しく，更に評価者の技量による結果のばらつきが存在していた．それに対して，ここで紹介したトルク値による機能窓での評価は，それらの問題を解決する手法として優れたものである．ただし，この方式での評価を実現するためには，微妙なトルク値の変化（Y_1 と Y_2 の差）を精度よく測定できる，高度な計測技術が必要であることを付け加えておきたい．様々な基本機能を研究し，技術開発を効率的に行うためには，優れた計測技術の存在が欠かせないのである．

7.16 摩擦係数の計測技術

摩擦係数の値は，計測対象物の表面に走査端子を接触させた状態で端子を移動し，端子に働く摩擦力を検出することから計測される（図 7.21）．

摩擦力は，走査端子に加える荷重に比例するので，荷重の大きさを変えなが

ら摩擦力を測定し，摩擦係数の値を求めることができる．

摩擦係数の大きい測定物 Y_1 と，小さい測定物 Y_2 を準備し，上記の手順で摩擦力を計測すると，荷重と摩擦力の関係は図 7.22 のようになる．

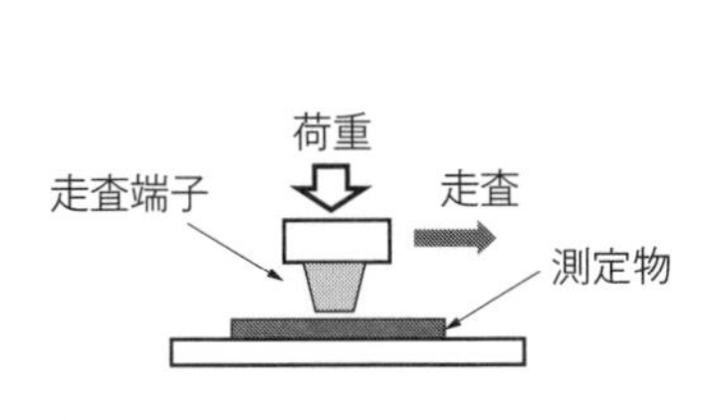

図 7.21　摩擦力の測定

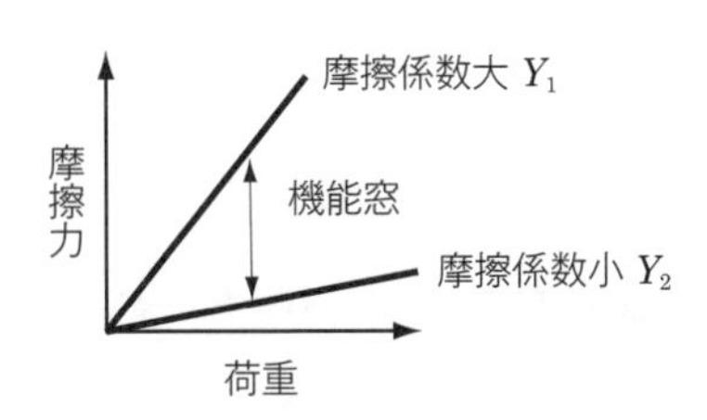

図 7.22　摩擦係数計測の機能窓

機能窓（Y_1, Y_2 の傾きの差）の広さは，摩擦係数の計測範囲，安定性は計測精度を表し，両方とも大きな値になることが，計測技術として理想的な状態である．

データの形式は，入力 M（荷重）を 3 水準，誤差因子を 2 水準とすると表 7.17 になる．y_{11}〜y_{26} は，摩擦力の値である．

表 7.17　データ形式

	Y_1			Y_2		
	M_1	M_2	M_3	M_1	M_2	M_3
N_1	y_{11}	y_{12}	y_{13}	y_{14}	y_{15}	y_{16}
N_2	y_{21}	y_{22}	y_{23}	y_{24}	y_{25}	y_{26}

速度差法を利用する場合，SN 比 η と感度 S は下記の手順で計算する．

有効序数　$r = M_1^2 + M_2^2 + M_3^2$

全変動　$S_T = y_{11}^2 + y_{12}^2 + y_{13}^2 + y_{21}^2 + y_{22}^2 + y_{23}^2 + y_{14}^2 + y_{15}^2 + y_{16}^2 + y_{24}^2 + y_{25}^2 + y_{26}^2$

線形式　$L_1 = M_1 y_{11} + M_2 y_{12} + M_3 y_{13}$　　$L_2 = M_1 y_{21} + M_2 y_{22} + M_3 y_{23}$

$L_3 = M_1 y_{14} + M_2 y_{15} + M_3 y_{16}$　　$L_4 = M_1 y_{24} + M_2 y_{25} + M_3 y_{26}$

比例項の変動　$S_\beta = \dfrac{(L_1 + L_2 + L_3 + L_4)^2}{4r}$

比例項の差の変動 $S_{N\times\beta}=\dfrac{(L_1+L_3)^2}{2r}+\dfrac{(L_2+L_4)^2}{2r}-S_\beta$

$$S_{Y\times\beta}=\frac{(L_1+L_2)^2}{2r}+\frac{(L_3+L_4)^2}{2r}-S_\beta$$

……測定物の摩擦係数による β の変動
(機能窓に当たる)

誤差変動 $S_e=S_T-S_\beta-S_{N\times\beta}-S_{Y\times\beta}$

誤差分散 $V_e=\dfrac{S_e}{f}$

プールした誤差分散 $V_N=\dfrac{S_T-S_\beta-S_{Y\times\beta}}{f}$

SN 比 $\eta=10\log\dfrac{(S_{Y\times\beta}-V_e)/4r}{V_N}$

感度 $S=10\log\dfrac{S_{Y\times\beta}-V_e}{4r}$

誤差因子は，摩擦係数の値をばらつかせる要因であり，代表的なものは下記①～④である．重要と考えられる誤差因子を選定し，調合（＋側最悪，－側最悪）するか，技術的な知見や知識がなく，調合できない場合には直交表に割り付けて実験する．

① 環境条件：気温，湿度

② 測定箇所：測定物の中央，端，表面，裏面

③ 走査の方向：縦，横，斜め

④ 走査端子の劣化：新品，劣化

なお，上記の因子には，誤差因子ではなく，標示因子として利用されたものも含まれている．

7.17 紙の重送検知システム

複写機やプリンタに搭載される紙搬送システムは，紙束に圧接したゴムローラを回転し，最上面にある紙を1枚ずつ搬送しているが，紙同士の密着力が強い場合や，ゴムローラの圧接力が強い場合には，2枚の紙が同時に搬送されるトラブル（重送）が発生する．

重送検知システムでは，この現象を早期に検知するため，搬送紙に超音波を照射し，その2次輻射波の値（電圧値）から，重送の有無を判断している（図7.23）．通紙枚数が1枚での電圧値を Y_1，2枚のときの電圧値を Y_2 とすると，超音波出力と電圧値の関係は図7.24のようになる．

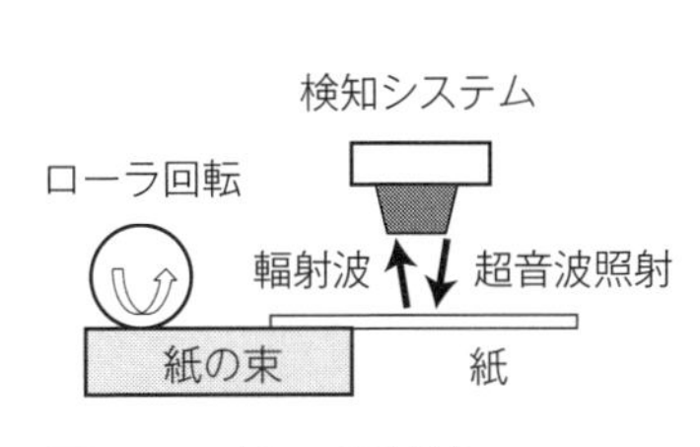

図 7.23 紙の重送検知システム

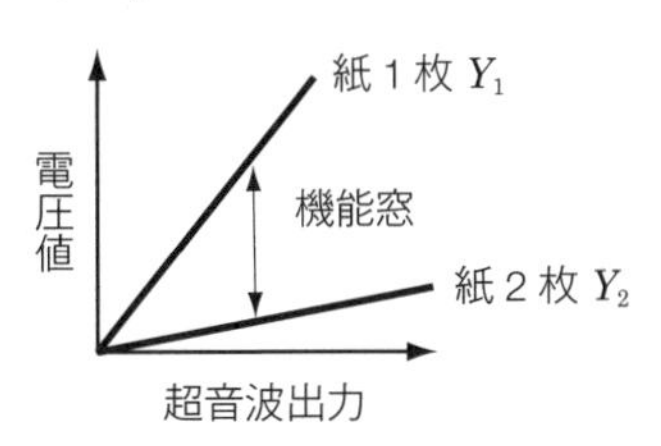

図 7.24 重送検知の機能窓

紙が2枚の場合，紙間に空隙が存在することで2次反射波が弱まり，電圧値が小さくなる．したがって，Y_1, Y_2 の傾きの差（機能窓）が広く，安定していることが，検知システムとして理想的な状態である．

データの形式は，入力 M（超音波出力）を3水準，誤差因子を2水準とすると表7.18になる．y_{11}〜y_{26} は電圧値である．

表 7.18 データ形式

	Y_1			Y_2		
	M_1	M_2	M_3	M_1	M_2	M_3
N_1	y_{11}	y_{12}	y_{13}	y_{14}	y_{15}	y_{16}
N_2	y_{21}	y_{22}	y_{23}	y_{24}	y_{25}	y_{26}

速度差法を利用する場合，SN比 η と感度 S は下記の手順で計算する．

有効序数　$r = M_1^2 + M_2^2 + M_3^2$

全変動 $S_T = y_{11}^2 + y_{12}^2 + y_{13}^2 + y_{21}^2 + y_{22}^2 + y_{23}^2 + y_{14}^2 + y_{15}^2 + y_{16}^2 + y_{24}^2 + y_{25}^2 + y_{26}^2$

線形式 $L_1 = M_1 y_{11} + M_2 y_{12} + M_3 y_{13}$　　$L_2 = M_1 y_{21} + M_2 y_{22} + M_3 y_{23}$

$L_3 = M_1 y_{14} + M_2 y_{15} + M_3 y_{16}$　　$L_4 = M_1 y_{24} + M_2 y_{25} + M_3 y_{26}$

比例項の変動 $S_\beta = \dfrac{(L_1 + L_2 + L_3 + L_4)^2}{4r}$

比例項の差の変動 $S_{N\times\beta} = \dfrac{(L_1 + L_3)^2}{2r} + \dfrac{(L_2 + L_4)^2}{2r} - S_\beta$

$$S_{Y\times\beta} = \frac{(L_1 + L_2)^2}{2r} + \frac{(L_3 + L_4)^2}{2r} - S_\beta$$

……紙枚数による β の変動（機能窓に当たる）

誤差変動 $S_e = S_T - S_\beta - S_{N\times\beta} - S_{Y\times\beta}$

誤差分散 $V_e = \dfrac{S_e}{f}$

プールした誤差分散 $V_N = \dfrac{S_T - S_\beta - S_{Y\times\beta}}{f}$

SN 比 $\eta = 10 \log \dfrac{(S_{Y\times\beta} - V_e)/4r}{V_N}$

感度 $S = 10 \log \dfrac{S_{Y\times\beta} - V_e}{4r}$

誤差因子は，電圧値をばらつかせる要因であり，代表的なものは下記①～⑤である．重要と考えられる誤差因子を選定し，調合（＋側最悪，－側最悪）するか，技術的な知見や知識がなく，調合できない場合には直交表に割り付けて実験する．

① 環境条件：気温，湿度

② 紙の接合状態（密着の度合い）

③ 紙の種類：坪量，厚さ

④ 受送信センサーの感度

⑤　受送信センサーの設置角度

なお，上記には誤差因子ではなく，標示因子として利用されたものも含まれている．

7.18　混合攪拌装置の微粒子分散性評価

粉体などの微粒子を混合攪拌する装置としては，攪拌羽とデフレクタ（邪魔板）で構成されるタイプのミキサーが一般的である．装置の概略を図 7.25 に示す．装置に充填された微粒子は，高速で回転する上下 2 枚の攪拌羽から受けるせん断力によって容器内で流動し，デフレクタに衝突することで適度に分散する．したがって，微粒子を均一に効率よく分散するためには，攪拌羽の回転によるせん断力が，ロスなく，微粒子全体に効率よく伝わることが重要になる．

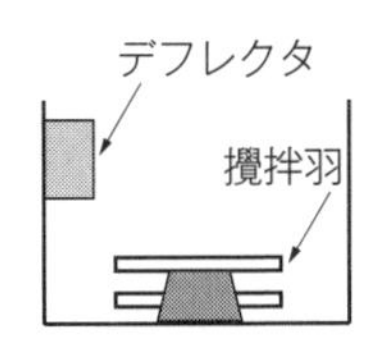

図 7.25　混合攪拌装置の概略図

攪拌羽の回転によって生じるせん断力は，回転速度に比例するため，発生した全せん断力を Y_1，全せん断力のうち，分散に寄与しない無効成分を Y_2 とすると，攪拌羽の回転速度と Y_1, Y_2 の関係は，図 7.26 のようになる．Y_1, Y_2 の傾きの差（機能窓）が，微粒子の分散に有効なせん断力（積算値）であり，機能窓が広く，安定していることが，混合攪拌装置として理想的な状態である．なお，せん断力の分析には，混合攪拌装置をモデル化し，流体シミュレーションを利用した数値解析が有効である．

データの形式は，入力 M（攪拌羽の回転速度）を 3 水準，誤差因子を 2 水準とすると表 7.19 になる．y_{11}〜y_{26} は電圧値である．

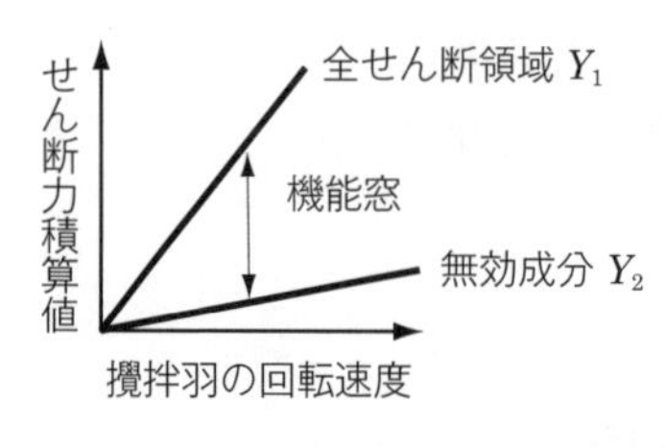

図 7.26 攪拌装置の機能窓

表 7.19 データ形式

	Y_1			Y_2		
	M_1	M_2	M_3	M_1	M_2	M_3
N_1	y_{11}	y_{12}	y_{13}	y_{14}	y_{15}	y_{16}
N_2	y_{21}	y_{22}	y_{23}	y_{24}	y_{25}	y_{26}

速度差法を利用する場合，SN 比 η と感度 S は下記の手順で計算する．

有効序数　$r=M_1^2+M_2^2+M_3^2$

全変動　$S_T=y_{11}^2+y_{12}^2+y_{13}^2+y_{21}^2+y_{22}^2+y_{23}^2+y_{14}^2+y_{15}^2+y_{16}^2+y_{24}^2+y_{25}^2+y_{26}^2$

線形式　$L_1=M_1y_{11}+M_2y_{12}+M_3y_{13}$　　$L_2=M_1y_{21}+M_2y_{22}+M_3y_{23}$

$L_3=M_1y_{14}+M_2y_{15}+M_3y_{16}$　　$L_4=M_1y_{24}+M_2y_{25}+M_3y_{26}$

比例項の変動　$S_\beta=\dfrac{(L_1+L_2+L_3+L_4)^2}{4r}$

比例項の差の変動　$S_{N\times\beta}=\dfrac{(L_1+L_3)^2}{2r}+\dfrac{(L_2+L_4)^2}{2r}-S_\beta$

$S_{Y\times\beta}=\dfrac{(L_1+L_2)^2}{2r}+\dfrac{(L_3+L_4)^2}{2r}-S_\beta$

……せん断力による β の変動（機能窓に当たる）

誤差変動　$S_e=S_T-S_\beta-S_{N\times\beta}-S_{Y\times\beta}$

誤差分散　$V_e=\dfrac{S_e}{f}$

プールした誤差分散　$V_N=\dfrac{S_T-S_\beta-S_{Y\times\beta}}{f}$

SN 比　$\eta=10\log\dfrac{(S_{Y\times\beta}-V_e)/4r}{V_N}$

感度　$S=10\log\dfrac{S_{Y\times\beta}-V_e}{4r}$

誤差因子は，せん断力をばらつかせる要因であり，代表的なものは下記①，②である．重要と考えられる誤差因子を選定し，調合（＋側最悪，－側最悪）するか，技術的な知見や知識がなく，調合できない場合には直交表に割り付けて実験する．

① 装置条件：攪拌羽，デフレクタの設定ばらつき

② 微粒子の種類：形状，密度，粘度

なお，上記には誤差因子ではなく，標示因子として利用されたものも含まれている．

7.19　分流型脱泡装置の評価

分流型脱泡装置とは，液体に混入した気泡を除去する装置である．気泡が混入した液体を装置内で旋回させ，遠心力によって気体と液体を分離する．装置の概略を図 7.27 に示す．装置内で遠心分離された気泡は気体となって上部の排出口から，液体は下部の排出口から流出する仕組みである．

しかし，遠心分離が不完全だと，上部の排出口からは気体とともに液体が，下部の排出口からは液体とともに気体（気泡）も同時に流出する．したがって，装置内に投入される液体量（気泡を含む）を横軸に，下部排出口における液体流出量を Y_1，気体の流出量を Y_2 とすると，両者の関係は図 7.28 で表される．Y_1, Y_2 の傾きの差（機能窓）が脱泡（気液分離）性能であり，機能窓が

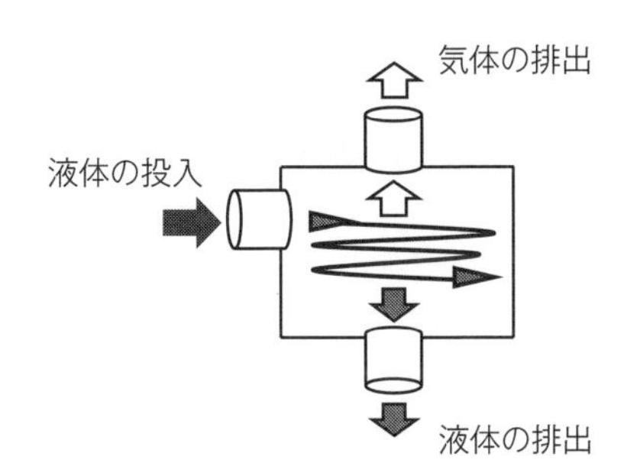

図 7.27　分流型脱泡装置の概略図

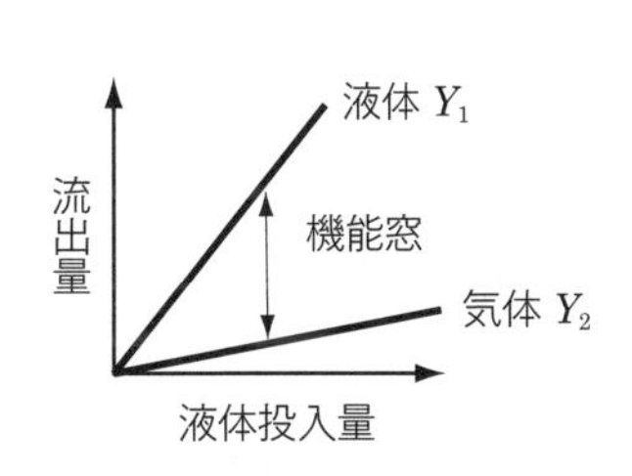

図 7.28　下部排出口の機能窓

広く，誤差因子に対して安定していることが，分流型脱泡装置として理想的な状態である．なお，上部の気体排出口では，Y_1 が気体流出量，Y_2 は液体流出量となる．

データの形式は，入力 M（液体投入量）を3水準，誤差因子を2水準とすると表7.20になる．y_{11}～y_{26} は流出量である．

表7.20　データ形式

	Y_1			Y_2		
	M_1	M_2	M_3	M_1	M_2	M_3
N_1	y_{11}	y_{12}	y_{13}	y_{14}	y_{15}	y_{16}
N_2	y_{21}	y_{22}	y_{23}	y_{24}	y_{25}	y_{26}

速度差法を利用する場合，SN比 η と感度 S は下記の手順で計算する．

有効序数　$r = {M_1}^2 + {M_2}^2 + {M_3}^2$

全変動　$S_T = {y_{11}}^2 + {y_{12}}^2 + {y_{13}}^2 + {y_{21}}^2 + {y_{22}}^2 + {y_{23}}^2 + {y_{14}}^2 + {y_{15}}^2 + {y_{16}}^2 + {y_{24}}^2 + {y_{25}}^2 + {y_{26}}^2$

線形式　$L_1 = M_1 y_{11} + M_2 y_{12} + M_3 y_{13}$　　$L_2 = M_1 y_{21} + M_2 y_{22} + M_3 y_{23}$

$L_3 = M_1 y_{14} + M_2 y_{15} + M_3 y_{16}$　　$L_4 = M_1 y_{24} + M_2 y_{25} + M_3 y_{26}$

比例項の変動　$S_\beta = \dfrac{(L_1 + L_2 + L_3 + L_4)^2}{4r}$

比例項の差の変動　$S_{N\times\beta} = \dfrac{(L_1 + L_3)^2}{2r} + \dfrac{(L_2 + L_4)^2}{2r} - S_\beta$

$$S_{Y\times\beta} = \frac{(L_1 + L_2)^2}{2r} + \frac{(L_3 + L_4)^2}{2r} - S_\beta$$

……気体，液体による β の変動（機能窓に当たる）

誤差変動　$S_e = S_T - S_\beta - S_{N\times\beta} - S_{Y\times\beta}$

誤差分散　$V_e = \dfrac{S_e}{f}$

プールした誤差分散　$V_N = \dfrac{S_T - S_\beta - S_{Y\times\beta}}{f}$

SN 比　$\eta = 10 \log \dfrac{(S_{Y\times\beta} - V_e)/4r}{V_N}$

感度　$S = 10 \log \dfrac{S_{Y\times\beta} - V_e}{4r}$

誤差因子は，流出量をばらつかせる要因であり，代表的なものは下記①，②である．重要と考えられる誤差因子を選定し，調合（＋側最悪，－側最悪）するか，技術的な知見や知識がなく，調合できない場合には直交表に割り付けて実験する．

①　装置条件のばらつき：各部の寸法，形状，角度など

②　液体の種類：材質，配合，濃度，粘度など

③　気体の含有量

なお，上記には誤差因子ではなく，標示因子として利用されるものも含まれている．

7.20　複写機内エアフローシステムの評価

複写機内エアフローシステムとは，複写機内に飛散した現像剤（トナー）を，気流によって回収する機構（仕組み）である．一般的には，トナー吸引用のダクトを設置するが，この方式は機内に発生させた気流のみで飛散トナーを回収する．マシンのコンパクト化とコストダウンにつながる技術である．このシステムでは，トナーの回収量が機内エアの風量に比例するため，なるべく風量を大きくしたいのだが，風量の増加はトナー飛散を助長することにもなる．この関係をグラフにすると図 7.29 になる．

機内のエア風量を横軸に，エアフローシステムによるトナーの回収量を Y_1，飛散トナー増加量を Y_2 とすると，Y_1 はなるべく大きく，Y_2 はできるだけ小さくしたい．Y_1, Y_2 の傾きの差が機能窓であり，機能窓が広く，誤差因子に対して安定していることが，複写機内エアフローシステムの理想である．

データの形式は，入力 M（エア風量）を 3 水準，誤差因子を 2 水準とする

と表 7.21 になる．y_{11}〜y_{26} は流出量である．

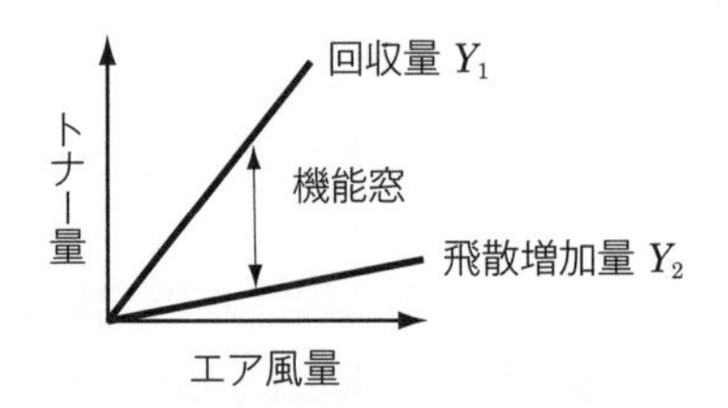

図 7.29 エアフローシステムの機能窓

表 7.21 データ形式

	Y_1			Y_2		
	M_1	M_2	M_3	M_1	M_2	M_3
N_1	y_{11}	y_{12}	y_{13}	y_{14}	y_{15}	y_{16}
N_2	y_{21}	y_{22}	y_{23}	y_{24}	y_{25}	y_{26}

速度差法を利用する場合，SN 比 η と感度 S は下記の手順で計算する．

有効序数 $r = M_1^2 + M_2^2 + M_3^2$

全変動 $S_T = y_{11}^2 + y_{12}^2 + y_{13}^2 + y_{21}^2 + y_{22}^2 + y_{23}^2 + y_{14}^2 + y_{15}^2 + y_{16}^2 + y_{24}^2 + y_{25}^2 + y_{26}^2$

線形式 $L_1 = M_1 y_{11} + M_2 y_{12} + M_3 y_{13}$ $L_2 = M_1 y_{21} + M_2 y_{22} + M_3 y_{23}$

$L_3 = M_1 y_{14} + M_2 y_{15} + M_3 y_{16}$ $L_4 = M_1 y_{24} + M_2 y_{25} + M_3 y_{26}$

比例項の変動 $S_\beta = \dfrac{(L_1 + L_2 + L_3 + L_4)^2}{4r}$

比例項の差の変動 $S_{N\times\beta} = \dfrac{(L_1 + L_3)^2}{2r} + \dfrac{(L_2 + L_4)^2}{2r} - S_\beta$

$S_{Y\times\beta} = \dfrac{(L_1 + L_2)^2}{2r} + \dfrac{(L_3 + L_4)^2}{2r} - S_\beta$

……回収，飛散による β の変動(機能窓に当たる)

誤差変動 $S_e = S_T - S_\beta - S_{N\times\beta} - S_{Y\times\beta}$

誤差分散 $V_e = \dfrac{S_e}{f}$

プールした誤差分散　$V_N=\dfrac{S_T-S_\beta-S_{Y\times\beta}}{f}$

SN 比　$\eta=10\log\dfrac{(S_{Y\times\beta}-V_e)/4r}{V_N}$

感度　$S=10\log\dfrac{S_{Y\times\beta}-V_e}{4r}$

誤差因子は，回収トナー量や飛散トナー量をばらつかせる要因であり，代表的なものは下記①～③である．重要と考えられる誤差因子を選定し，調合（＋側最悪，－側最悪）するか，技術的な知見や知識がなく，調合できない場合には直交表に割り付けて実験する．

①　環境条件：気温，湿度

②　現像システムの種類：現像器，トナー種

③　複写機の構成：部品の配置，空間の広さなど

なお，上記には誤差因子ではなく，標示因子として利用されるものも含まれている．

第8章　その他の基本機能

これまで紹介してきた6つの基本機能は，汎用性が高く，様々な技術分野で利用されているものであるが，適用される技術領域が限定的であっても，技術開発や製品設計を効率的に進める上で，重要な基本機能がある．本章では，それらの中から発光機能，発熱機能，摺動機能，そして発電機能について説明する．

8.1　発 光 機 能

発光機能とは，システムに入力されたエネルギーを光に変換する機能であり，LEDや有機ELなどの発光素子，白熱ランプ，蛍光灯などの照明装置に求められる基本機能である．入力としては，電気エネルギーが一般的であり，システム図では図8.1のように表される．出力としての光エネルギー（光量）は，光束（単位時間当たりの放射エネルギー）が代表的であるが，光度（光の強さ）や照度（明るさ）なども利用される．

入力（電力量）をM，発生する光量をyとすると，両者の関係は図8.2のような原点を通る直線になることが理想であり，入力の広い範囲で直線性が維

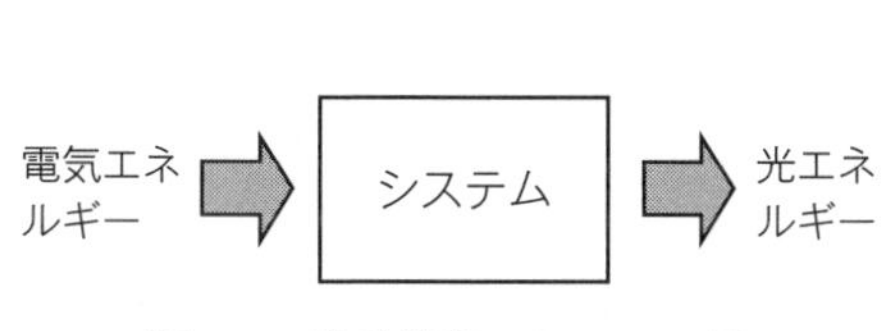

図8.1　発光機能のシステム図

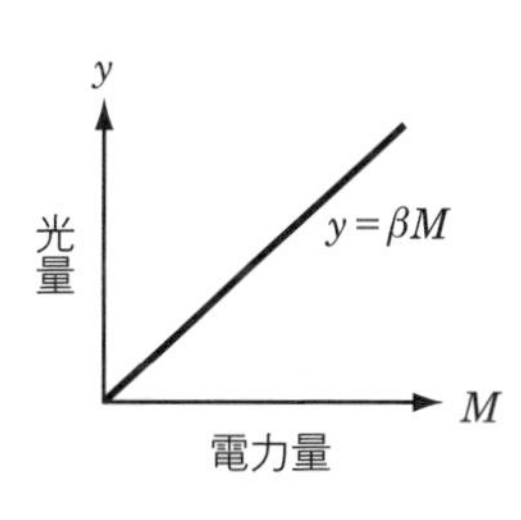

図8.2　発光機能の入出力関係

持され，傾きβ（発光効率）は大きな値であることが望ましい．

8.1.1　発光機能のデータ形式とSN比，感度の計算

データの形式は，入力Mを3水準，誤差因子Nを2水準とすると表8.1になる．y_{11}〜y_{23}は光量の測定値である．

表8.1　データ形式

	M_1	M_2	M_3
N_1	y_{11}	y_{12}	y_{13}
N_2	y_{21}	y_{22}	y_{23}

SN比ηと感度Sは，下記の手順で計算する．

有効序数　$r = {M_1}^2 + {M_2}^2 + {M_3}^2$

全変動　$S_T = {y_{11}}^2 + {y_{12}}^2 + {y_{13}}^2 + {y_{21}}^2 + {y_{22}}^2 + {y_{23}}^2$

線形式　$L_1 = M_1 y_{11} + M_2 y_{12} + M_3 y_{13}$　　$L_2 = M_1 y_{21} + M_2 y_{22} + M_3 y_{23}$

比例項の変動　$S_\beta = \dfrac{(L_1 + L_2)^2}{2r}$

比例項の差の変動　$S_{N\times\beta} = \dfrac{(L_1 - L_2)^2}{2r}$

誤差変動　$S_e = S_T - S_\beta - S_{N\times\beta}$

誤差分散　$V_e = \dfrac{S_e}{f}$

プールした誤差分散　$V_N = \dfrac{S_T - S_\beta}{f}$

SN比　$\eta = 10\log\dfrac{(S_\beta - V_e)/2r}{V_N}$

感度　$S = 10\log\dfrac{S_\beta - V_e}{2r}$

上記の式で計算されるSN比は発光機能の安定性の指標であり，感度は発光効率である．SN比，感度とも大きな値となることが望ましい．

8.1.2　発光機能の誤差因子

誤差因子は，光量を変化させる要因であり，主な誤差因子としては下記①～③がある．重要と考えられる誤差因子を選定し，調合（＋側最悪，－側最悪）するか，技術的な知見や知識がなく，調合できない場合には直交表に割り付けて実験する．

① 使用条件：使用環境（気温，湿度），設置条件（天井，床，壁面），スイッチング間隔，振動の有無など

② 劣化：使用時間，ヒートサイクル，腐食など

③ 製造条件：加工装置の設定，作業員の熟練度，生産量（速度），材料の種類，部品ばらつきなど

なお，上記の因子には，誤差因子ではなく，標示因子として利用されたものも含まれている．

8.2　発 熱 機 能

発熱機能とは，システムに入力されたエネルギーを熱に変換する機能である．システム図では図 8.3 のように表される．入力エネルギーには電気エネルギーのほか，圧力や摩擦力によって発熱するシステム，またガスやアルコールなどの化学反応（燃焼）を利用するシステムが存在する．入力エネルギーに電力を利用するシステムの入出力関係は，図 8.4 のような原点を通る直線となることが理想であり，入力の広い範囲で直線性が維持され，傾き β（発熱効率）

図 8.3　発熱機能のシステム図

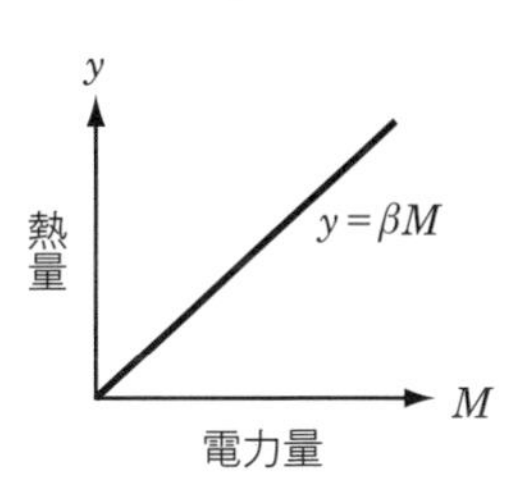

図 8.4　発熱機能の入出力関係

は大きな値であることが望ましい．

8.2.1　発熱機能のデータ形式とSN比，感度の計算

データの形式は，入力Mを3水準，誤差因子Nを2水準とすると表8.2になる．y_{11}〜y_{23}は熱量の測定値である．

表8.2　データ形式

	M_1	M_2	M_3
N_1	y_{11}	y_{12}	y_{13}
N_2	y_{21}	y_{22}	y_{23}

SN比ηと感度Sは，下記の手順で計算する．

有効序数　$r = {M_1}^2 + {M_2}^2 + {M_3}^2$

全変動　$S_T = {y_{11}}^2 + {y_{12}}^2 + {y_{13}}^2 + {y_{21}}^2 + {y_{22}}^2 + {y_{23}}^2$

線形式　$L_1 = M_1 y_{11} + M_2 y_{12} + M_3 y_{13}$　　$L_2 = M_1 y_{21} + M_2 y_{22} + M_3 y_{23}$

例項の変動　$S_\beta = \dfrac{(L_1 + L_2)^2}{2r}$

比例項の差の変動　$S_{N\times\beta} = \dfrac{(L_1 - L_2)^2}{2r}$

誤差変動　$S_e = S_T - S_\beta - S_{N\times\beta}$

誤差分散　$V_e = \dfrac{S_e}{f}$

プールした誤差分散　$V_N = \dfrac{S_T - S_\beta}{f}$

SN比　$\eta = 10\log\dfrac{(S_\beta - V_e)/2r}{V_N}$

感度　$S = 10\log\dfrac{S_\beta - V_e}{2r}$

上記の式で計算されるSN比は，発熱機能の安定性の指標であり，感度は発熱効率である．両方とも大きな値になることが望ましい．

8.2.2　発熱機能の誤差因子

誤差因子は，熱量を変化させる要因であり，主な誤差因子としては下記の①～③がある．重要と考えられる誤差因子を選定し，調合（＋側最悪，－側最悪）するか，技術的な知見や知識がなく，調合できない場合には直交表に割り付けて実験する．

① 使用条件：使用環境（気温，湿度），電源の種類（周波数，電圧），スイッチング間隔，振動の有無など

② 劣化：使用時間，ヒートサイクル，腐食など

③ 製造条件：加工装置の設定，作業員の熟練度，生産量，材料の種類，部品ばらつきなど

なお，上記の因子には誤差因子ではなく，標示因子として利用されたものも含まれている．

8.3　摺 動 機 能

摺動機能とは，摩擦力によってモノやエネルギーを移動，伝搬するシステムに求められる基本機能である．具体的には，ギアや軸受，各種ローラを利用したシステムである．また，これらのシステムに利用される材料（樹脂，ゴム，金属等）の評価にも，摺動機能が利用される．

摩擦力の大きさは，荷重によって決まるので，システム図は図 8.5 のように表され，入出力関係は図 8.6 のように，原点を通る直線となることが理想であ

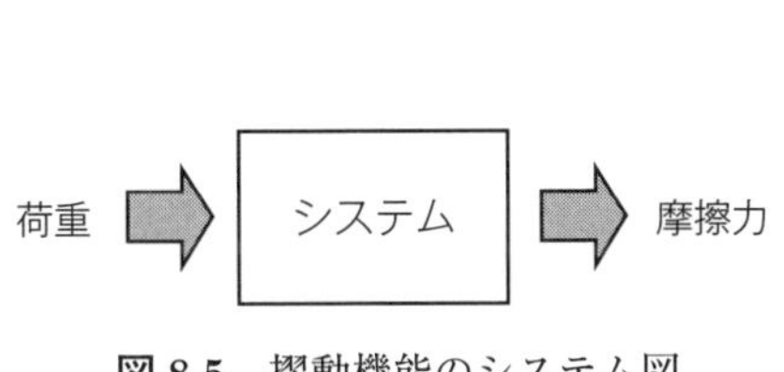

図 8.5　摺動機能のシステム図

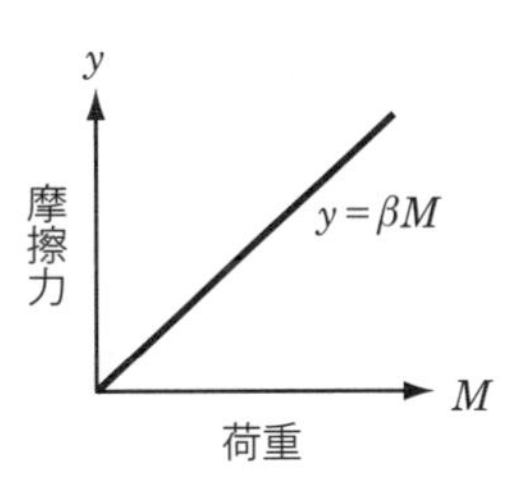

図 8.6　摺動機能の入出力関係

る．入力の広い範囲で直線性が維持され，傾きβ（摩擦係数）のばらつきが小さいことが望ましい．

モノの移動やエネルギーの伝搬には，転写機能や搬送機能を利用することができるが，特にギアや軸受などの耐久性が問題となるときには，簡素な設備でも効率的に，精度よく実験できる摺動機能による評価が有効である．

8.3.1　摺動機能のデータ形式とSN比，感度の計算

データの形式は，入力Mを3水準，誤差因子Nを2水準とすると表8.3になる．y_{11}～y_{23}は摩擦力の測定値である．

表8.3　データ形式

	M_1	M_2	M_3
N_1	y_{11}	y_{12}	y_{13}
N_2	y_{21}	y_{22}	y_{23}

SN比ηと感度Sは，下記の手順で計算する．

有効序数　$r=M_1^2+M_2^2+M_3^2$

全変動　$S_T=y_{11}^2+y_{12}^2+y_{13}^2+y_{21}^2+y_{22}^2+y_{23}^2$

線形式　$L_1=M_1y_{11}+M_2y_{12}+M_3y_{13}$　　$L_2=M_1y_{21}+M_2y_{22}+M_3y_{23}$

例項の変動　$S_\beta=\dfrac{(L_1+L_2)^2}{2r}$

比例項の差の変動　$S_{N\times\beta}=\dfrac{(L_1-L_2)^2}{2r}$

誤差変動　$S_e=S_T-S_\beta-S_{N\times\beta}$

誤差分散　$V_e=\dfrac{S_e}{f}$

プールした誤差分散　$V_N=\dfrac{S_T-S_\beta}{f}$

SN比　$\eta=10\log\dfrac{(S_\beta-V_e)/2r}{V_N}$

感度　$S=10\log\dfrac{S_\beta-V_e}{2r}$

上記の式で計算されるSN比は，摺動機能の安定性の指標であり，感度は摩擦係数である．SN比は大きな値となることが望ましく，感度は対象とするシステムによって目標値が決まる．

8.3.2　摺動機能の誤差因子

誤差因子は，摩擦力を変化させる要因であり，主な誤差因子としては下記の①～③がある．重要と考えられる誤差因子を選定し，調合（＋側最悪，－側最悪）するか，技術的な知見や知識がなく，調合できない場合には直交表に割り付けて実験する．

① 測定条件：環境（気温，湿度），試験面の形状（粗さ）

② 劣化：使用時間，ヒートサイクル，腐食など

③ 製造条件：材料の種類，加工装置の設定，部品の形状など

なお，上記の因子には，誤差因子ではなく，標示因子として利用されたものも含まれている．

8.4　紙搬送システムの摺動機能による評価

摩擦力を利用した紙搬送システムの評価には，摺動機能が利用できる．図8.7は複写機やプリンタに搭載される代表的なシステムの概略図である．紙束の上面に圧接されたゴムや金属のローラを回転し，摩擦力を利用して，ローラに接している紙を1枚ずつ搬送している．

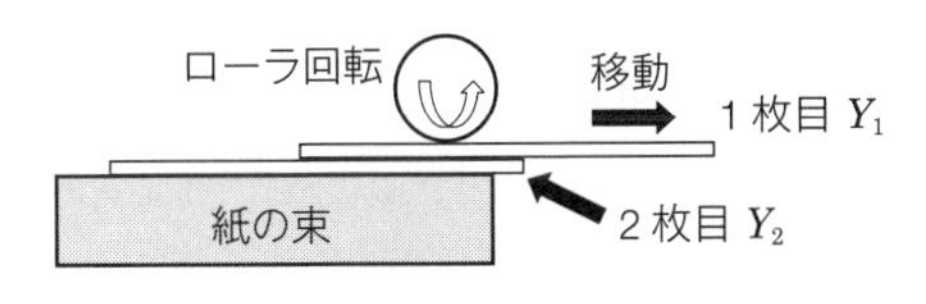

図8.7　紙搬送システムの概略図

このシステムでは，紙とローラの摩擦力が強すぎると，複数枚の紙が同時に搬送されるトラブル（重送，連れ送り）が発生し，摩擦力が小さいと紙が搬送されないトラブル（空送り）となる．したがって，ローラが接する1枚目の紙 Y_1 との摩擦力は大きく，2枚目の紙 Y_2 との摩擦力は小さくすることが必要になる．摩擦力の大きさは荷重（ローラの圧接力）によって決まるので，この関係をグラフにすると図8.8のようになる．入力の広い範囲で直線性を維持し，1枚目 Y_1 と2枚目 Y_2 の傾きの差（機能窓）が大きく，安定していることが望ましい．

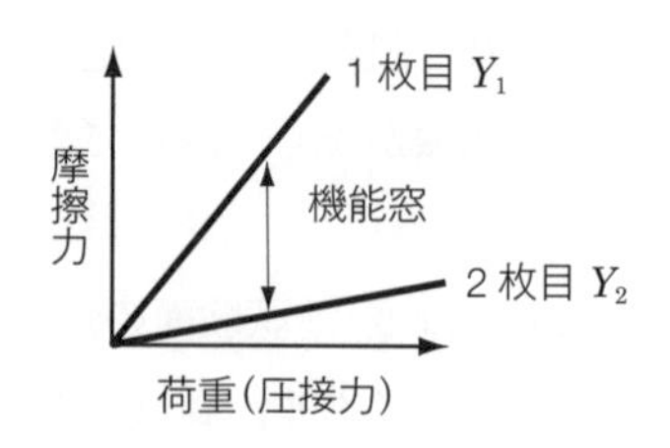

図8.8 紙搬送の入出力関係

8.4.1 紙搬送システム摺動機能評価のデータ形式とSN比，感度の計算

データの形式は，入力 M（荷重）を3水準，誤差因子を2水準とすると表8.4になる．y_{11}～y_{26} は，各荷重における摩擦力の値である．

表8.4 データ形式

	Y_1			Y_2		
	M_1	M_2	M_3	M_1	M_2	M_3
N_1	y_{11}	y_{12}	y_{13}	y_{14}	y_{15}	y_{16}
N_2	y_{21}	y_{22}	y_{23}	y_{24}	y_{25}	y_{26}

速度差法を利用する場合，SN比 η と感度 S は下記の手順で計算する．

有効序数 $r = M_1^2 + M_2^2 + M_3^2$

全変動 $S_T = y_{11}^2 + y_{12}^2 + y_{13}^2 + y_{21}^2 + y_{22}^2 + y_{23}^2 + y_{14}^2 + y_{15}^2 + y_{16}^2 + y_{24}^2 + y_{25}^2 + y_{26}^2$

線形式 $L_1 = M_1 y_{11} + M_2 y_{12} + M_3 y_{13}$　　$L_2 = M_1 y_{21} + M_2 y_{22} + M_3 y_{23}$

$$L_3 = M_1 y_{14} + M_2 y_{15} + M_3 y_{16} \qquad L_4 = M_1 y_{24} + M_2 y_{25} + M_3 y_{26}$$

比例項の変動　$S_\beta = \dfrac{(L_1 + L_2 + L_3 + L_4)^2}{4r}$

比例項の差の変動　$S_{N\times\beta} = \dfrac{(L_1 + L_3)^2}{2r} + \dfrac{(L_2 + L_4)^2}{2r} - S_\beta$

$$S_{Y\times\beta} = \frac{(L_1 + L_2)^2}{2r} + \frac{(L_3 + L_4)^2}{2r} - S_\beta$$

……1 枚目と 2 枚目による β の変動
（機能窓に当たる）

誤差変動　$S_e = S_T - S_\beta - S_{N\times\beta} - S_{Y\times\beta}$

誤差分散　$V_e = \dfrac{S_e}{f}$

プールした誤差分散　$V_N = \dfrac{S_T - S_\beta - S_{Y\times\beta}}{f}$

SN 比　$\eta = 10\log\dfrac{(S_{Y\times\beta} - V_e)/4r}{V_N}$

感度　$S = 10\log\dfrac{S_{Y\times\beta} - V_e}{4r}$

8.4.2　紙搬送システム摺動機能評価の誤差因子

誤差因子は，摩擦力の値をばらつかせる要因であり，代表的なものは下記①～⑤である．重要と考えられる誤差因子を選定し，調合（＋側最悪，－側最悪）するか，技術的な知見や知識がなく，調合できない場合には直交表に割り付けて実験する．

① 紙の種類：大きさ（A3, A4, B3 など），重さ（坪量） 材質（普通紙，コート紙，再生紙，OHP など）

② 通紙の方向：縦（長手方向）通紙，横（幅方向）通紙，筋目の方向，筋目と直角方向

③　紙の保管環境：温度，湿度，保管時間，保管方法など

④　装置の劣化：ローラの表面粗さ，硬度，摩擦係数の変化，汚れの付着など

⑤　装置の設定ばらつき：ローラのセット位置，圧力，傾きなどのばらつき

なお，上記の因子には誤差因子ではなく，標示因子として利用されたものも含まれている．

8.5　発電機能

発電機能とは，様々なエネルギーから電気エネルギー（電力）を作るシステムに求められる機能である．システム図では図8.9のように表される．発電に利用する入力エネルギーには,火力(熱エネルギー)や水力(位置エネルギー),風力，太陽光などがあり，いずれの入力エネルギーを利用した場合でも，入出力関係は図8.10のように，原点を通る直線となることが理想である．入力の広い範囲で直線性が維持され，傾きβ（電力変換効率）のばらつきが小さいことが望ましい．

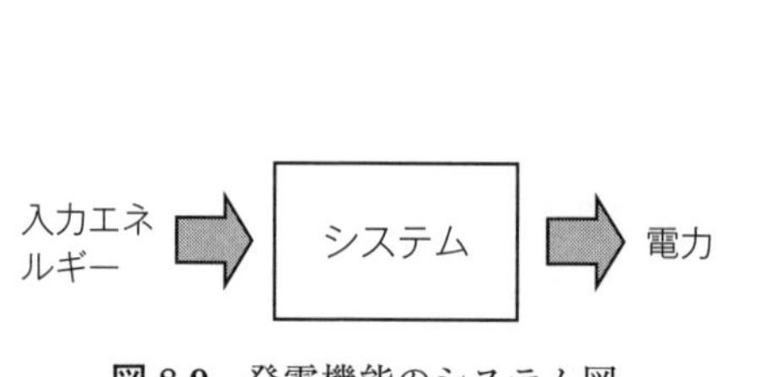

図8.9　発電機能のシステム図

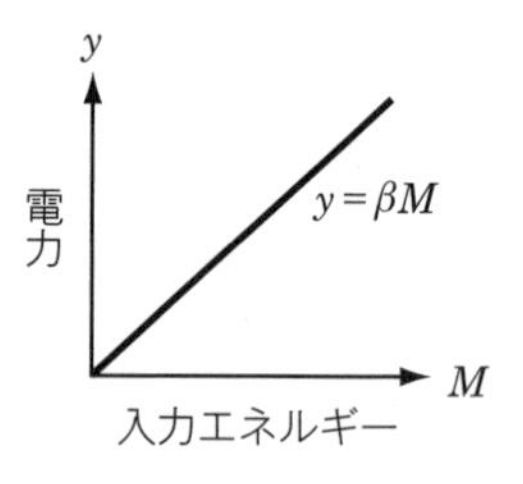

図8.10　発電機能の入出力関係

図8.9において，発電システム内でのエネルギーの流れを考えると，入力エネルギーは回転エネルギーに変換された後，磁力の影響受けて電気エネルギーとなる．したがって，システムの機能を詳細に捉えるなら，図8.11のように2段階，あるいは磁力も考えれば3段階の入出力関係に展開して考えることができるが，ここではシステム内部でのエネルギー変換の過程は考慮せず，最も

大きく捉えたシステム全体での入出力関係を基本機能として紹介する．

図 8.11　発電機能のエネルギー変換過程

8.5.1　発電機能のデータ形式と SN 比，感度の計算

データの形式は，入力 M を 3 水準，誤差因子 N を 2 水準とすると表 8.5 になる．y_{11}～y_{23} は電力の測定値である．

表 8.5　データ形式

	M_1	M_2	M_3
N_1	y_{11}	y_{12}	y_{13}
N_2	y_{21}	y_{22}	y_{23}

SN 比 η と感度 S は，下記の手順で計算する．

有効序数　$r = M_1^{\,2} + M_2^{\,2} + M_3^{\,2}$

全変動　$S_T = y_{11}^{\,2} + y_{12}^{\,2} + y_{13}^{\,2} + y_{21}^{\,2} + y_{22}^{\,2} + y_{23}^{\,2}$

線形式　$L_1 = M_1 y_{11} + M_2 y_{12} + M_3 y_{13}$　　$L_2 = M_1 y_{21} + M_2 y_{22} + M_3 y_{23}$

比例項の変動　$S_\beta = \dfrac{(L_1 + L_2)^2}{2r}$

比例項の差の変動　$S_{N\times\beta} = \dfrac{(L_1 - L_2)^2}{2r}$

誤差変動　$S_e = S_T - S_\beta - S_{N\times\beta}$

誤差分散　$V_e = \dfrac{S_e}{f}$

プールした誤差分散　$V_N = \dfrac{S_T - S_\beta}{f}$

SN 比　$\eta = 10 \log \dfrac{(S_\beta - V_e)/2r}{V_N}$

感度　$S=10\log\dfrac{S_\beta-V_e}{2r}$

上記の式で計算されるSN比は，発電機能の安定性の指標であり，感度は電力変換効率である．SN比感度ともに，大きな値となることが望ましい．

8.5.2　発電機能の誤差因子

誤差因子は，発生する電力を変化させる要因であり，主な誤差因子としては下記①～③がある．重要と考えられる誤差因子を選定し，調合（＋側最悪，－側最悪）するか，技術的な知見や知識がなく，調合できない場合には直交表に割り付けて実験する．

① 使用環境：気温，湿度，装置の設置条件（床面の傾き，振動の有無など）

② 劣化：使用時間，ヒートサイクル，腐食など

③ 製造条件：部品や材料の種類，形状ばらつきなど

なお，上記の因子には，誤差因子ではなく，標示因子として利用されたものも含まれている．

参 考 文 献

1. 品質工学会（1993～2019）：品質工学研究発表大会論文集
2. 関西品質工学研究会（2018）：基本機能ハンドブック
3. 田口玄一（2007）：ベーシックオフライン品質工学，日本規格協会
4. 田口玄一（1988）：品質工学講座 1　開発設計段階の品質工学，日本規格協会
5. 田口玄一（1994）：技術開発のための品質工学，日本規格協会
6. 田口玄一（1992）：転写性の技術開発，日本規格協会
7. 田口玄一（1994）：半導体製造の技術開発，日本規格協会
8. 田口玄一（2000）：電気・電子の技術開発，日本規格協会
9. 田口玄一（2001）：機械・材料・加工の技術開発，日本規格協会
10. 田口玄一（2004）：コンピュータによる情報設計の技術開発，日本規格協会
11. 矢野宏（1994）：加工品質工学，日本規格協会
12. 矢野宏（1998）：品質工学計算入門，日本規格協会
13. 三田智彦（2009）：CAE によるプレス加工の材料特性最適化，第 17 回品質工学研究発表大会論文集，p.234–237，品質工学会
14. 佐野正行他（2007）：通信モジュールの機能性評価，第 15 回品質工学研究発表大会論文集，p.150–153，品質工学会
15. 春名一志他（2007）：エスカレータ手摺駆動装置のロバスト設計，第 15 回品質工学研究発表大会論文集，p.354–357，品質工学会
16. 岡林英二（2002）：電気特性に着目した高耐久金属ベルトの開発，第 10 回品質工学研究発表大会論文集，p.106–109，品質工学会

＜付　　録＞

1. 系統図

1.1 基本機能系統図

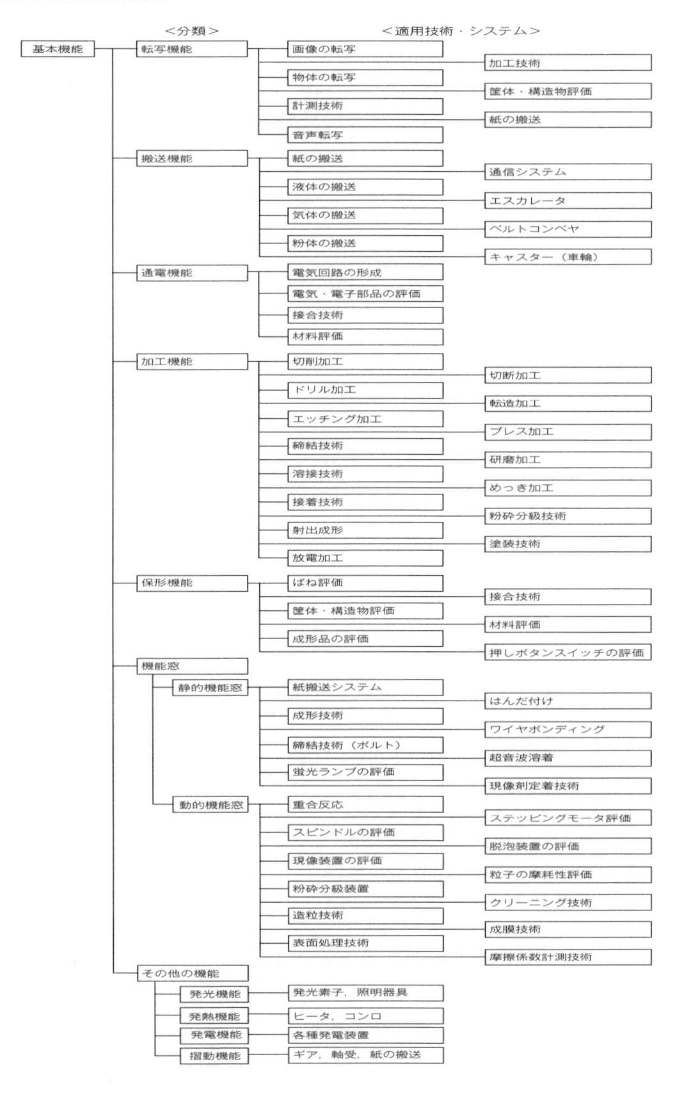

1.2　転写機能系統図

機能	＜適用技術・システム＞		＜入力＞	＜出力＞
転写機能	画像の転写		原画の線幅	複製画の線幅
			原画の線長	複製画の線長
			原画の径	複製画の径
			原画の面積	複製画の面積
			原画のドット数	複製画のドット数
			原画の濃度	複製画の濃度
			原画の色彩	複製画の色彩
			原画の画像位置	複製画の画像位置
			指示値	複製画の出力値
	物体の転写		型の寸法	加工品の寸法
			型の角度	加工品の角度
			型の曲率	加工品の曲率
			型の表面粗さ	加工品の表面粗さ
			型の２頂点間距離	加工品の２頂点間距離
			指示値	加工品の出力値
			設計値	加工品の出力値
			キャビティー容積	空中重量
			空中重量	水中重量
	計測技術	粒子径測定	標準粒子の粒径	粒径の計測値
		輝度測定	上位機種での計測値	該当機種での計測値
		変位測定	テストピースの寸法	寸法の計測値
		吸光度測定	溶液濃度	吸光度
	音声転写		通話者の声	受話機の声
			演奏された音楽	再生された音楽
	加工技術	サンドブラスト	マスク開口面積	処理面積
		フォトレジスト	マスク開口幅	レジスト幅
		熱硬化成形	成形前寸法	成型後寸法
		真空熱プレス	プレス前寸法	プレス後寸法
		接着技術	未接着での寸法	接着後の寸法
	筐体・構造物評価		荷重前寸法	荷重後の寸法
			初期寸法	組付け後寸法
			初期寸法	変形後寸法
	紙搬送		送り量の指示値	紙の移動距離

1.3　搬送機能系統図

搬送機能

<適用技術・システム>	<入力>	<出力>
紙の搬送	ローラの回転回数	紙の移動距離
	ローラの回転速度	紙の移動時間
	ローラの回転時間	紙の位置
	ローラの回転角度	紙の排出枚数
	駆動モータの回転数	紙の移動距離
	駆動モータの消費電力	紙の移動距離
	駆動パルス数	紙の位置
液体の搬送	ポンプ回転時間	液体の搬送量（重量，容積）
	ポンプ回転速度	液体の搬送量（重量，容積）
	送液用モータの消費電力	液体の搬送量（重量，容積）
	搬送スクリュー回転回数	液体の搬送量（重量，容積）
	送液時間	液体の搬送量（重量，容積）
気体の搬送	ファンの回転速度	気体の搬送量（風量，体積）
	ファンの回転時間	気体の搬送量（風量，体積）
	ファンの回転速度	風速
	消費電力	気体の搬送量（風量，体積）
粉体の搬送	搬送時間	粉体の搬送量（重量，体積）
	消費電力	粉体の落下量（重量，体積）
	搬送ベルトの移動距離	粉体の移動量（距離，長さ）
	搬送スクリュー回転数	粉体の搬送量（重量，体積）
	バルブ開口角度	粉体の移動量（距離，長さ）
	スリット開口面積	粉体の落下量（重量，体積）
	バルブの開口時間	粉体の移動量（距離，長さ）
通信システム	情報・データ量	転送時間
エスカレータ	駆動ローラ回転量	ベルト移動距離
ベルトコンベヤ	移動距離	移動時間
	コンベヤ速度	消費電力
キャスター（車輪）	走行距離	走行時間

1.4　通電機能系統図

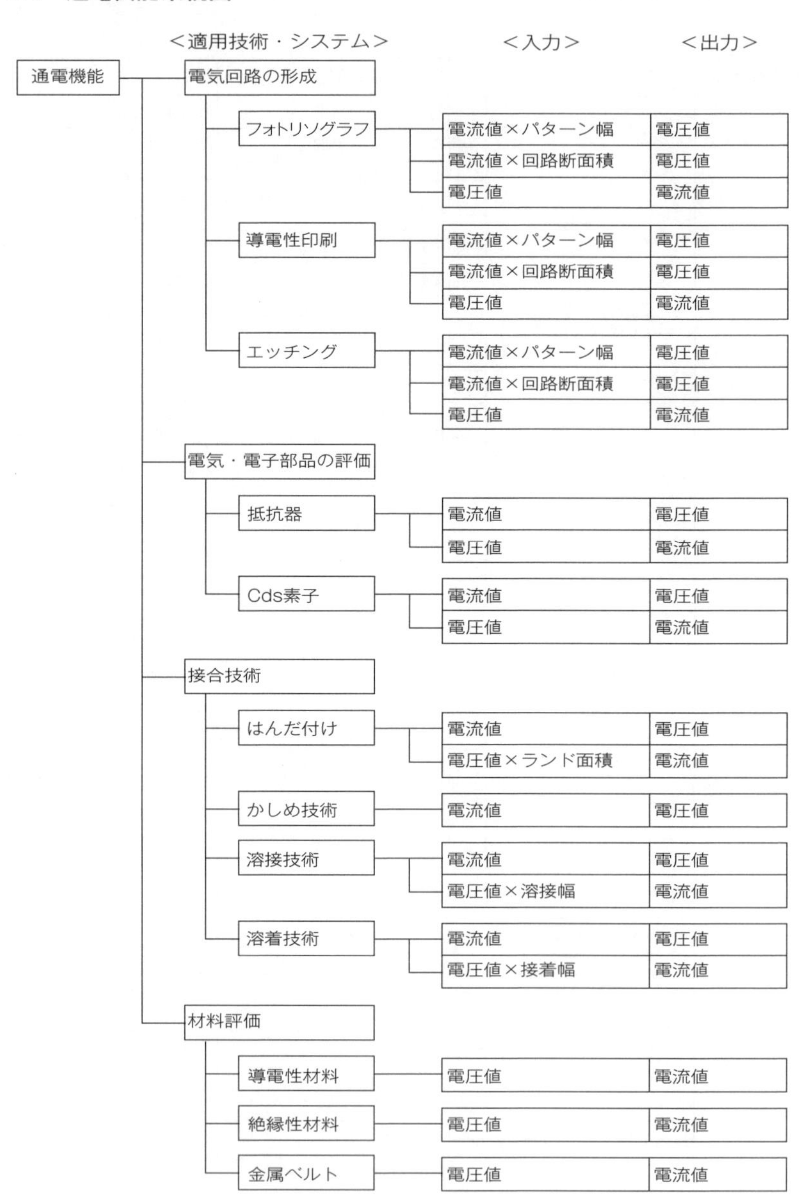
<適用技術・システム>
<入力>
<出力>
通電機能
電気回路の形成
フォトリソグラフ
電流値×パターン幅
電圧値
電流値×回路断面積
電圧値
電圧値
電流値
導電性印刷
電流値×パターン幅
電圧値
電流値×回路断面積
電圧値
電圧値
電流値
エッチング
電流値×パターン幅
電圧値
電流値×回路断面積
電圧値
電圧値
電流値
電気・電子部品の評価
抵抗器
電流値
電圧値
電圧値
電流値
Cds素子
電流値
電圧値
電圧値
電流値
接合技術
はんだ付け
電流値
電圧値
電圧値×ランド面積
電流値
かしめ技術
電流値
電圧値
溶接技術
電流値
電圧値
電圧値×溶接幅
電流値
溶着技術
電流値
電圧値
電圧値×接着幅
電流値
材料評価
導電性材料
電圧値
電流値
絶縁性材料
電圧値
電流値
金属ベルト
電圧値
電流値

1.5　加工機能系統図

加工機能

＜適用技術・システム＞	＜入力＞	＜出力＞
切削・研削・旋削加工	消費電力	除去重量
	消費電力	除去体積
	切削抵抗	除去重量（体積）
	切削時間	除去重量（体積）
	除去重量（体積）	消費電力
	切り込み量	消費電力
放電加工	消費電力	切断距離
	除去重量（体積）	積算電流値
	加工時間	除去重量（体積）
	切削時間	除去重量（体積）
	除去重量（体積）	消費電力
	切断距離	積算電流値
ドリル加工	消費電力	除去重量（体積）
	加工時間	除去重量（体積）
	板厚	消費電力
	板厚	切削抵抗
切断加工	消費電力	切断面積
	レーザ出力	切断面積
	切断時間	消費電力
	水圧	切断深さ
	切断枚数	消費電力
	切断枚数	切断抵抗
転造加工	消費電力	変形量（体積，重量）
プレス加工	プレス荷重	せん断長さ
	せん断長さ（設計値）	プレス荷重×時間
	ストローク量	板厚変形量
研磨加工	消費電力	除去量（面積，体積，重量）
	処理時間	除去量（面積，体積，重量）
	処理回数	板厚変化量（減少量）
	スキャン回数	加工深さ
めっき加工	反応時間	析出量
	反応時間	めっき厚さ
	電気量（電流×時間）	析出量
エッチング加工	時間	エッチング量
スポット溶接	時間	電流積算値
	溶接点数	引張強度
抵抗溶接	通電時間	積算電力量
	通電時間	溶接強度
超音波溶接	超音波時間	引張強度
	溶接長さ（面積）	引張強度
接着技術	接着幅	接着強度
	接着材量	接着強度
	接着面積	接着強度
締結技術（かしめ・ねじ）	回転モーメント	回転角度
	締め付けトルク	緩めトルク
	締め付け時間	消費電力
射出成形	製品重量	消費電力
	成形時間	製品重量
粉砕分級技術	粉砕圧力	粒子径
	粉砕時間	粉砕重量（処理量）
塗装技術	吐出時間	塗着重量
	塗料吐出量	塗布面積
	塗料吐出量	塗着重量
	塗布面積	塗着重量

1.6　保形機能系統図

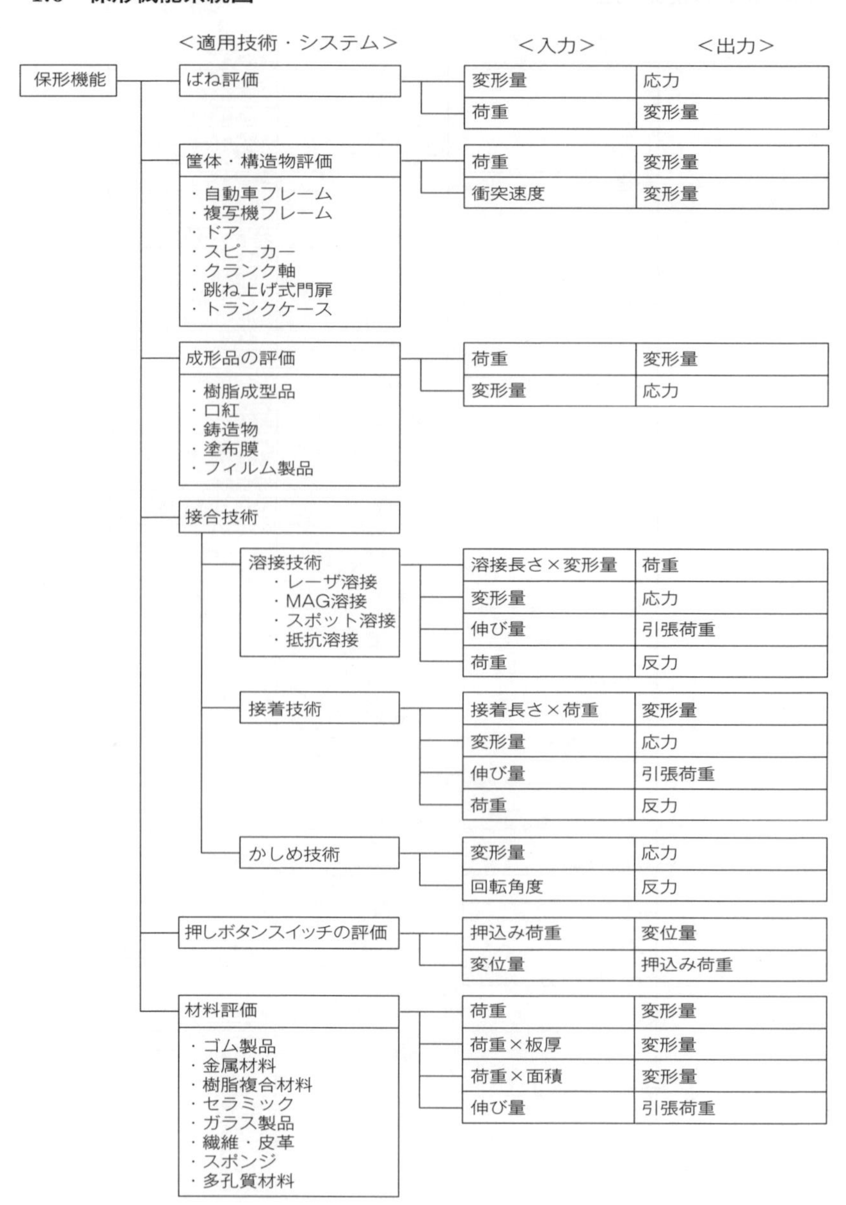

＜適用技術・システム＞
＜入力＞
＜出力＞
保形機能
ばね評価
変形量
応力
荷重
変形量
筐体・構造物評価
・自動車フレーム
・複写機フレーム
・ドア
・スピーカー
・クランク軸
・跳ね上げ式門扉
・トランクケース
荷重
変形量
衝突速度
変形量
成形品の評価
・樹脂成型品
・口紅
・鋳造物
・塗布膜
・フィルム製品
荷重
変形量
変形量
応力
接合技術
溶接技術
・レーザ溶接
・MAG溶接
・スポット溶接
・抵抗溶接
溶接長さ×変形量
荷重
変形量
応力
伸び量
引張荷重
荷重
反力
接着技術
接着長さ×荷重
変形量
変形量
応力
伸び量
引張荷重
荷重
反力
かしめ技術
変形量
応力
回転角度
反力
押しボタンスイッチの評価
押込み荷重
変位量
変位量
押込み荷重
材料評価
・ゴム製品
・金属材料
・樹脂複合材料
・セラミック
・ガラス製品
・繊維・皮革
・スポンジ
・多孔質材料
荷重
変形量
荷重×板厚
変形量
荷重×面積
変形量
伸び量
引張荷重

1.7　機能窓系統図

	＜適用技術・システム＞	＜入力＞	＜出力 M_1＞	＜出力 M_2＞
静的機能窓	紙送り技術	荷重	空送り発生荷重	重送発生荷重
	ボルト締め技術	回転トルク	着座トルク	破壊トルク
	現像剤定着技術	定着温度	低温オフセット発生温度	高温オフセット発生温度
	蛍光ランプ評価	蛍光膜塗布量	膜落ち発生塗布量	光束不良発生塗布量
	超音波溶着	超音波印加時間	溶着不足発生時間	溶着過剰発生時間
	はんだ付け	温度	未はんだ発生温度	ブリッジ発生温度
	ワイヤーボンディング	超音波出力	金球剥がれ発生出力	クラック発生出力
	レンズ成形技術	滞留時間	熱量不足発生時間	熱量過剰発生時間
動的機能窓	化学反応	反応時間	主反応量	副反応量
	粉砕分級技術	粉砕圧力	全粉砕量	微粉量
	写真現像技術	現像時間	露光部濃度	未露光部濃度
	現像材摩耗性評価	摩耗時間	良品微粉発生量	不良品微粉発生量
	ステッピングモータ評価	電流値	立ち上がり速度	立ち下がり速度
	スピンドル評価	回転時間	主軸オン電力	主軸オフ電力
	樹脂粉砕	粉砕時間	未粉砕量	微粉砕量
	化成皮膜生成技術	反応時間	皮膜量	副生成物量
	ブレードクリーニング技術	クリーニング時間	オン時トルク	オフ時トルク
	摩擦係数測定器	加重	摩擦係数大品摩擦力	摩擦係数小品摩擦力
	重送検知システム評価	センサ駆動電圧	紙１枚時の出力	紙２枚時の出力
	粉体気中分散性評価	気体周速	全せん断力	不要せん断力
	飛散トナー回収装置評価	風速	全回収量	飛散量
	脱泡装置評価	時間	液体量	気泡量

1.8 MT システム系統図

MTシステム

＜大分類＞	＜小分類＞	＜代表的な具体例＞
医療分野	健康管理	1 年後の健康状態を予測
		次年度健康レベルの予測
		スポーツ選手の体調管理
		足浴による疲労回復
	傷病予測	糖尿病発症予測
		感染症の流行期予測
	病気診断	X線画像から疾患重症度評価
		肝疾患の診断
		マンモグラフィ（乳がん診断）
	計測技術	血液凝集像判定方法の開発
		血圧測定
音声・音響機器	楽器	ギターの音色診断
		楽器演奏状態診断
	音声	言葉の識別
		会話音声の個人識別
	異常音	OA機器の騒音評価
		ハンマー打音による異常診断
文字画像認識	文字認識	文字判別
		文章の識別
	画像認識	米ドル紙幣の識別
		表情認識
		画像種類の判別
		顔画像による個人識別
	動画認識	人の行動予測
設備・工程診断	製品検査	官能検査の自動化
		ダイオードの検査
		原料受入検査
	工程診断	設備診断
		ケーブル負荷診断
		設備監視・診断
		化学プラント診断
		切削異常診断
		絶縁材料の劣化診断
		動作音から異常判別
		プラントの異常予兆検知
	原因の特定	不良原因工程の特定
		押出成形品の不良原因追及
	装置最適化	レンズ性能の最適化
		繊維機械のMD値による調整
	収率予測	半導体の歩留予測
		現像剤の収率予測
人材・能力判定	官能評価	ジャケットの着心地評価
		照明のちらつき現象評価
		自動車の乗心地判定
	能力診断	セールスマンの販売能力予測
		プログラマーの能力診断
		音楽能力（才能）の推定
		組織能力の計測
		パワハラの判断基準作成
		離婚原因の診断
経済・営業		不動産価格の予測
		商品の販売台数予測
		企業の業績予測
		売れる機械を診断
		為替レート変動の予測
地震・環境		地震予知
		火災報知システムへの適用
		大気・環境予測
		赤潮発生予測
その他の活用		商品の魅力度評価
		特許出願件数の予測
		足裏圧力による本人識別
		図面情報による開発工数の予測
		とうもろこし栽培の適正化
		釣果の予測
		水稲育種の収量予測
		通勤時間の予測

2. 演習問題

【問題 1】

穴あけパンチは，紙などの資料をとじるときに利用する事務用品である．ハンドルを押すと筒状の刃が下降して紙を切り取り，とじるのに必要な穴（通常二つ）ができる仕組みである．

このシステムの基本機能を検討し，入出力の関係を定義せよ．

また，定義した入出力の関係から，最も適切と思うものを選び，その理想状態をグラフで示せ．

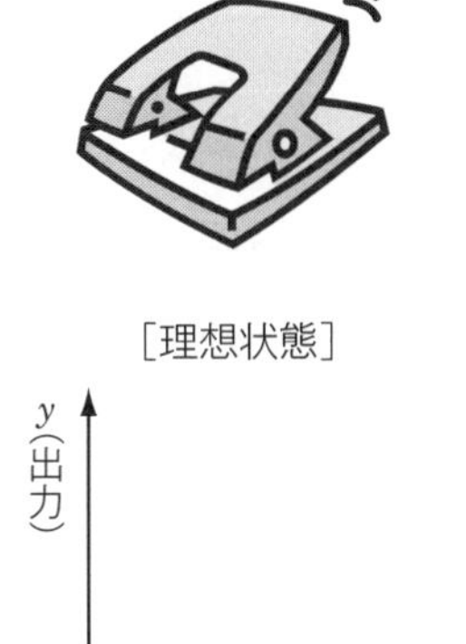

【問題 2】

付箋は，裏面に接着剤が塗布されたカード（通常は紙）で，メモや伝言等を記入し，本や机，壁などに貼り付け可能な事務用品である．

この基本機能を検討し，入出力の関係を定義せよ．

また，定義した入出力の関係から，最も適切と思うものを選び，その理想状態をグラフで示せ．

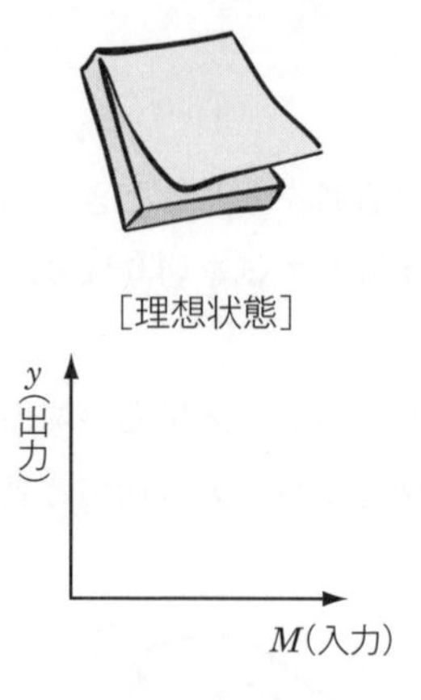

【問題 3】

ボールペンに求められる性能は幾つか存在するが，文字や線を描く，という観点で，基本機能を考え，入出力の関係を定義し，その理想状態をグラフで示せ.

次に誤差因子を抽出し，調合誤差条件（＋側最悪条件，－側最悪条件）を設定せよ.

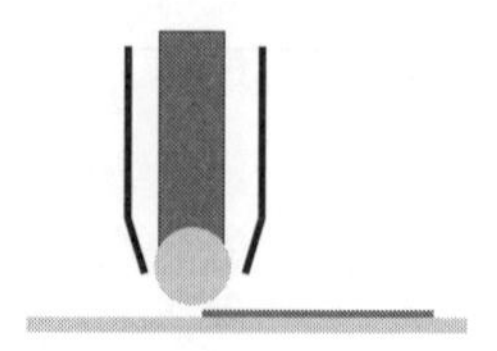

(1)　基本機能と理想状態

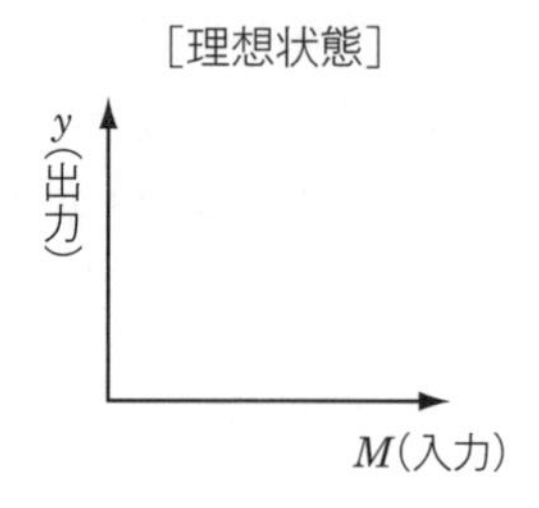

(2)　誤差因子の抽出

(3)　調合誤差条件

＋側最悪条件

－側最悪条件

【問題 4】

全自動洗濯機（計量～洗濯～脱水～乾燥）に求められる機能を抽出し，それぞれの入出力関係及び理想状態を定義せよ．

次に，抽出した機能を上位の機能から下位の機能へ展開し，全体を機能系統図にまとめよ．

(1) 求められる機能と入出力関係及び理想状態の定義

(2) 機能系統図

【問題 1　解答例】

	＜入力＞	＜出力＞
①	押し付け力	刃先にかかる力
②	押し付け力	穴のあいた枚数
③	押し付け力	穴の深さ
④	押した距離	刃の移動距離
⑤	刃の形状	穴の形状
⑥	刃の間隔	穴の間隔
⑦	刃の直径	穴の直径
⑧	押した回数	蓄積したゴミの量

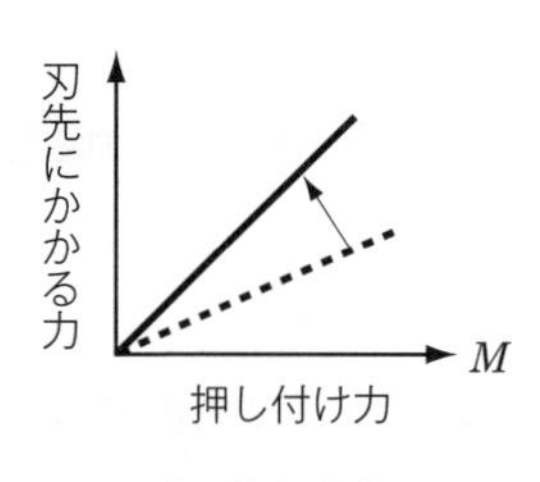

[理想状態]

【問題 2　解答例】

	＜入力＞	＜出力＞
①	接着面積	接着強度
②	押し付け力	接着強度
③	接着剤塗布量	接着強度
④	接着成分含有量	接着強度
⑤	経過時間	接着強度
⑥	剥がす角度	接着強度
⑦	剥がす長さ	剥がれた長さ
⑧	接着面積	接着剤付着残量

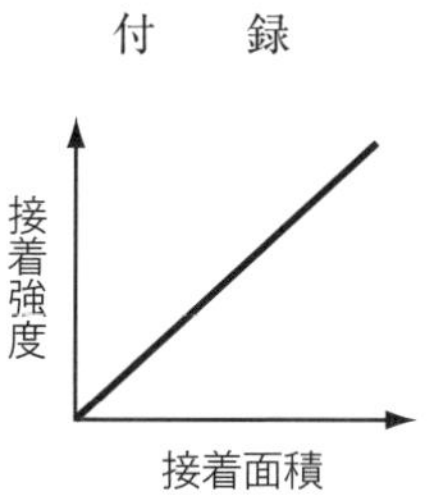

［理想状態］

【問題 3　解答例】

(1)　基本機能と理想状態

	＜入力＞	＜出力＞
①	ペンの移動距離	線（文字）の長さ
②	筆圧	線（文字）の太さ
③	ボール回転量	線（文字）の濃度
④	インクの粘度	紙に出たインクの量

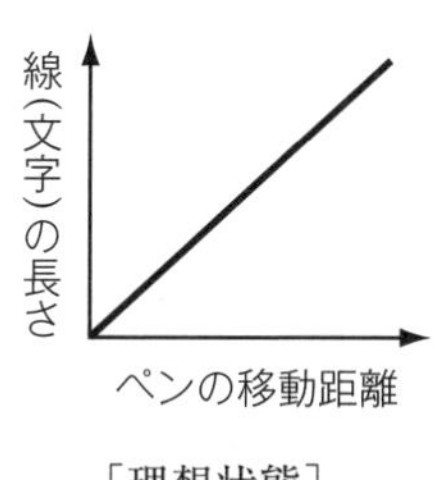

［理想状態］

(2)　誤差因子の抽出

①	気温	⑤	インクの種類
②	湿度	⑥	ペンの角度
③	ボールの磨耗	⑦	紙の種類
④	インクの残量	⑧	筆圧

(3)　調合誤差条件

	プラス側（N_1）	マイナス側（N_2）
①　気温	30℃の環境	10℃の環境
④　インクの残量	満タン	少量
⑧　筆圧	高圧	低圧

【問題 4　解答例】

(1)　求められる機能と入出力関係及び理想状態の定義

	＜機能＞	＜入力＞	＜出力＞
①	洗濯物を計量する	洗濯物重量	計量値
②	洗剤を計量する	指示値	計量値
③	洗濯槽に水を供給する	指示値	計量値
④	洗濯槽を回転する	電力量	回転速度
⑤	洗濯物の汚れを落とす	汚れ量	汚れの剥離量
⑥	洗濯物を脱水する	電力量	水分除去量
⑦	洗濯物を乾燥する	電力量	水分除去量

［理想状態（洗濯物の汚れを落とす機能）］

(2)　機能系統図

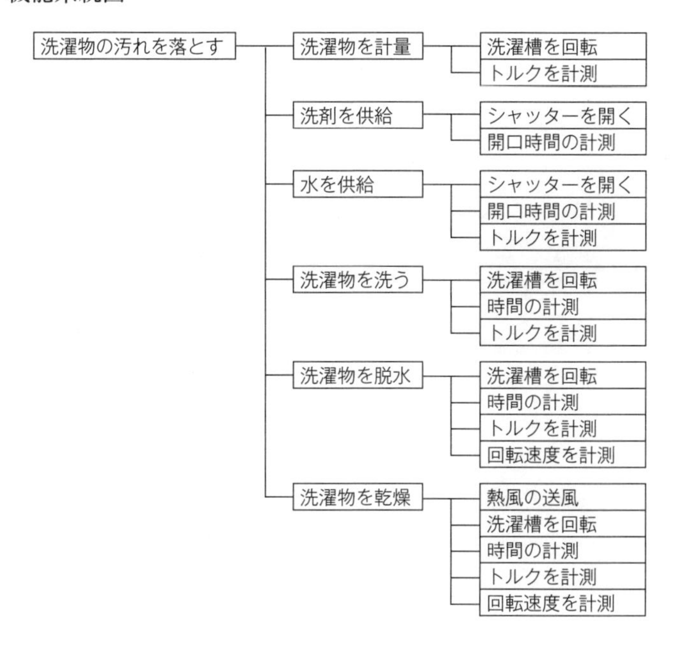
洗濯物の汚れを落とす
洗濯物を計量
洗濯槽を回転
トルクを計測
洗剤を供給
シャッターを開く
開口時間の計測
水を供給
シャッターを開く
開口時間の計測
トルクを計測
洗濯物を洗う
洗濯槽を回転
時間の計測
トルクを計測
洗濯物を脱水
洗濯槽を回転
時間の計測
トルクを計測
回転速度を計測
洗濯物を乾燥
熱風の送風
洗濯槽を回転
時間の計測
トルクを計測
回転速度を計測

索　　引

こ

さ

し

す

せ

そ

た

ち

つ

て

と

な

ね

は

ひ

ふ

著者略歴

芝野　広志（しばの　ひろし）

1980年　大阪市立大学工学部電気工学科卒
1980年　ミノルタカメラ(株) 入社
2015年　コニカミノルタ(株) 退職
2016年　TM実践塾代表，現在に至る

＜所属団体＞
品質工学会　理事
関西品質工学研究会　顧問

＜活動内容＞
日本規格協会講師（品質管理，品質工学）
京都府特別技術指導員（企業指導，セミナー講師）

＜主な著書＞
『2015年改定レベル表対応　品質管理の演習問題と解説［手法編］ QC検定試験1級対応』（共著，日本規格協会）
『品質工学ってなんやねん？　エピソードから学ぶ品質工学』（共著，日本規格協会）
『品質工学応用講座　化学・薬学・生物学の技術開発』（共著，日本規格協会）
『品質工学応用講座　MTシステムにおける技術開発』（共著，日本規格協会）
『入門パラメータ設計─Excel演習でタグチメソッドの考え方と手順を体得できる』（共著，日科技連出版社）

設計・開発・品質管理者のための基本機能ハンドブック
—品質工学・タグチメソッドで品質問題撲滅
定価：本体 2,700 円(税別)

2021 年 6 月 14 日　第 1 版第 1 刷発行

著　者　芝野　広志
発 行 者　揖斐　敏夫
発 行 所　一般財団法人 日本規格協会
〒 108–0073　東京都港区三田 3 丁目 13–12 三田 MT ビル
https://www.jsa.or.jp/
振替　00160–2–195146

製　作　日本規格協会ソリューションズ株式会社
印 刷 所　日本ハイコム株式会社
製作協力　有限会社カイ編集舎

ISBN978–4–542–51149–1